非编码 RNA 的功能与预测：
剪切后内含子潜在的生物学功能

赵小庆　李　宏　路战远　主编

中国农业出版社

北　京

作者简介

赵小庆 1981 年生，河北邯郸人，博士学位。现为内蒙古保护性农业研究中心作物栽培与生物技术研究室主任，研究员。长期从事生物信息学研究，在非编码 RNA 的功能预测与验证，植物抗旱相关基因组学的几个前沿问题上，尤其在植物抗旱相关基因转录组分析及 sRNA 调控网络的科学问题上提出了很有见地的观点并取得一定的科研成果。先后主持国家自然科学基金 1 项，国家重点研发计划子课题 2 项，内蒙古自然科学基金重点项目 1 项等 12 项，参与 10 余项。已发表论文 60 余篇，其中 SCI 33 篇，EI 7 篇，授权专利 50 余项，参与撰写地方标准 8 项。学术水平得到同行认可。

李 宏 1959 年生，内蒙古锡林浩特人，原为内蒙古大学物理科学与技术学院党总支书记，教授，博士生导师。主要从事理论生物物理和生物信息学方向的学术研究。研究的主要问题有：基因的表达和调控，内含子与相应 mRNA 序列的相互作用，基因组序列的结构组成和进化，基因组 k-mer 使用规律与生物功能的关系等。先后主持国家自然科学基金 4 项，教育部博士点基金 1 项等 20 余项，在国内外学术期刊上发表论文 100 余篇，其中 SCI 检索论文 20 余篇。在国内外具有较大的学术影响。

路战远 1964 年生，内蒙古赤峰人，博士学位。现任内蒙古农牧业科学院院长、研究员、博士生导师。先后主持和参加国家及省部级等科技项目 30 余项，获国家科技进步奖二等奖 2 项（第一、四完成人）、省部级一等奖 8 项（其中 6 项为第一完成人）等科技奖励 20 余项，获授权国家专利 117 项，制定地方标准 46 项。出版专著和主编著作 15 部、参编著作 10 余部，发表论文 232 篇。被授予国家"万人计划"领军人才、全国农业科研杰出人才、百千万人才工程国家级人选、国家中青年有突出贡献专家、享受国务院政府特殊津贴专家、全国优秀科技工作者、全国农业科研杰出人才、神农领军人才、中华农业英才等荣誉称号，2015 年获内蒙古自治区科学技术特别贡献奖，2019 年获何梁何利基金科学与技术创新奖，在国内外具有很大的学术影响。

主　编：赵小庆　李　宏　路战远

副主编：张　强　薄素玲　程玉臣

参　编：李忠贤　张德健　张向前　任永峰　孙秋颖
　　　　包通拉嘎　苏少锋　伊六喜　萨初拉　咸　丰
　　　　孙峰成　陈立宇　王建国　叶　君　方　静
　　　　史功赋　白岚方　安　玉　刘亚楠　谢　锐

序

继人类基因组计划后，ENCODE 计划（Encyclopedia of DNA Elements）指出人类基因组蓝图是一个复杂的网络系统，人类基因组中有 93% 的 DNA 会转录成 RNA，其大多数是非编码 RNA（ncRNA），而非编码 RNA 是基因组"暗物质"的重要组成部分，是基因表达及生命新陈代谢调控网络系统的关键环节。剪切后内含子就是一类最重要和最特殊的非编码 RNA，通过系统研究剪切后内含子与相应 mRNA 匹配分布规律及作用机制，揭示剪切后内含子主体功能因子的弱调控作用，对探索剪切后内含子的生物学功能，甚至其他 ncRNA 的功能具有里程碑式的意义。

本书分为五大部分，共十一章内容。第一部分详细介绍了内含子（非编码 RNA）研究进展及目的意义；第二部分主要介绍了内含子与 mRNA 相互作用的研究方法体系；第三部分以核糖核蛋白基因家族为对象系统分析了内含子在 EJC 结合区域、UTR、CDS 区域、mRNA 等功能区域相对匹配频率分布规律及匹配片段对结构特征；第四部分从基因组水平分析和验证了种间剪切后内含子与相应 mRNA 相互作用模式的普适性，提出了内含子长度进化的可能机制；第五部分是对整个研究工作的总结与展望。

本书主要依托 2 项国家自然科学基金研究计划内容与成果进行凝练总结而成。研究成果可为现在动植物分子育种、病害检测与治理、种质资源系统进化与鉴定提供新的思路和手段，也可为人类健康与疾病预防、人类疾病诊断与治愈等提供新的途径和独特视野。

目 录

第一章 绪 论

1.1 研究背景

继人类基因组计划后，"DNA 元件百科全书"计划（Encyclopedia of DNA Elements，ENCODE）的实施使人类对自身的认识又迈入了一个新纪元。ENCODE 计划的研究成果挑战了人类基因组的传统理论，它提出人类基因组蓝图是一个复杂的网络系统，单个基因、调控元件以及与编码蛋白无关的 DNA 序列以交叠的方式相互作用，共同控制着人类的生理活动，而不是由孤立的基因和大量的"junk DNA 片段"简单组成[1]。随着 ENCODE 计划的逐步深入，基因组复杂地散在调控序列，大量的非编码 RNA 基因以及非编码区域的保守元件浮出水面。Gerstein 等认为"基因"就是一个基因组上编码潜在相关联的一系列功能元件的基因组"联合体"[2]。在人类基因组中，"junk DNA"实际上非常少，蛋白质编码基因也不过是众多具有特定功能的 DNA 元件之一。ENCODE 计划还发现，人类基因组中有 93％ 的 DNA 会转录成 RNA，众多转录本是非编码 RNA，这些转录本会发生相互作用[3-8]。

断裂基因的存在是大多数真核生物基因的一个基本特征，就是基因中存在间隔序列（intervening sequence）或不编码序列。真核生物基因由 5'UTR（UTR 指非编码区域）、编码蛋白外显子（exon）、内含子（intron）和 3'UTR 组成。外显子是保留在真核生物成熟 mRNA 中的序列。而内含子是被切除的非编码序列，因内含子插于外显子之间，又称插入序列。内含子随外显子一起转录，但在基因转录后，mRNA 转运至细胞质之前，通常会在细胞核内经剪接加工从 mRNA 前体中被准确剪除（excised），内含子被剪切后，才会形成可以被翻译的成熟 mRNA。内含子是基因组中的一个重要元件，研究表明在真核生物蛋白质编码基因（简称基因）中，内含子所占的比例很高，是真核基因的重要组成部分。真核生物的内含子最初被认可的功能主要有两种：一是通过外显子的复制和移动简化新基因的进化历程；二是通过可变剪接使单一基因可以表达多种蛋白，丰富蛋白的多样性。

然而近来的研究发现内含子的功能不仅仅局限于此，至此内含子从基因组的 junk DNA 跃为重要生物学功能的载体[9-10]。内含子中不仅含有微小 RNA（microRNA）、核仁小 RNA（snoRNA）等多种非编码 RNA[11-14]，也包含涉及基因转录、mRNA 加工（尤其是可变剪接）、输运、mRNA 和蛋白质的空间结构等众多基因表达调控元件[15-27]。内含子与基因组进化密切相关[28-35]。内含子的获得与丢失影响基因内重组和 ncRNA 的变异，是影响真核生物基因进化的主要因素之一，是获得真核新物种的一种动力[36-40]。内含子的突变能够诱导很多疾病[41-42]。如内含子与外显子的交界（GU 或 AG）发生突变，从而导致外显子的缺失或内含子未被剪切而引起疾病；内含子中间序列的变异也是因激活了隐性剪切位点进而影响剪切才导致疾病；然而，最近的研究发现有些内含子中间的碱基变异尽管不影响剪切，但也能诱导疾病，如 Brockmoller 等发现细胞色素 P450 IA2 基因第 1 个内含子中的 C/A 多态性与一种高诱导性密切相关，这种高诱导性使 N-乙酰基转移酶活性较低（slow NAT2）的个体在膀胱癌中过度表达[43]。人们还发现真核 mRNA 内含子对基因表达的调控不只发生在前体 RNA 的剪接阶段，而是与转录、RNA 编辑、mRNA 的出核运输、mRNA 翻译和无义衰变等过程形成一个网络，共同调控基因表达[44-47]。尽管一些基因本身并不含有内含子或是表达并不需要内含子的参与，但在许多情况下 mRNA 内含子的存在可以大大提高转基因生物的基因表达[48-49]。真核 mRNA 内含子已成为提高转基因生物外源基因表达的重要元件之一[50-56]。由于多数真核基因组中的内含子是极其丰富的，要想理解内含子对基因表达调控的影响，首先要明确内含子的组织结构及其调控基因表达的媒介或途径。

尽管通过实验手段能够获得个别内含子对基因表达调控的影响，但是通过采取实验技术手段，来获得全基因组的内含子调控基因表达信息，耗费的时间和经费将是个天文数字，而且就目前来说有些实验技术还是不能实现的。随着更多物种基因组测序的完成，有关内含子信息的海量增加，对基因组中内含子功能的理论分析已经成为生物信息学领域的焦点和重点。

人们对内含子功能的研究还处于起步阶段，对内含子功能的研究不仅是基因组序列功能研究的一个重要组成部分，而且能为其他的非编码序列调控基因表达提供重要工具，进一步促进对基因表达调控的理解。同时，内含子可能蕴含着大量有关生命起源进化的信息。随着这方面工作的深入，人们将完全读懂人类基因组序列这本生命奥秘之书，而不仅仅局限于编码序列这一小部分。

1.2 真核基因的内含子特征

真核生物编码序列中的内含子可以分为三大类：第一类是第 1 族内含子（group I introns），它们主要存在于细胞器（如线粒体）、细菌及某些低等真核细胞。第二类是第 2 族内含子（group II introns），它们也主要见于细胞器（如线粒体）、细菌。第一类内含子分布比第二类内含子分布广泛。第一类内含子与第二类内含子并没有明显的关联，它们有各自的结构特征，能够形成特异性的二级结构，但有一个极为重要的共同点：能自我剪切。第三类是真核细胞 mRNA 前体中的内含子。随着基因组测序计划的逐步深入，研究人员发现大多数真核基因具有内含子，并且绝大多数是真核 mRNA 内含子。根据内含子结构的不同，mRNA 内含子又可以分为两种类型：AG-GT 型内含子和 AT-AC 型内含子（图 1.1）。AG-GT 型内含子的存在极为普遍，约占总数的 99%，而 AT-AC 型内含子含量较少，不足总数的 0.4%。

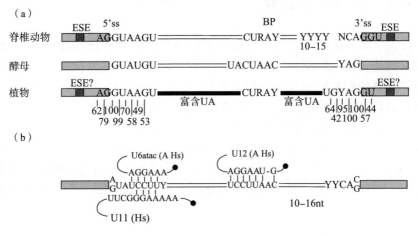

图 1.1 AG-GT 型内含子和 AT-AC 型内含子结构

注：（a）AG-GT 型内含子。（b）AT-AC 型内含子。

1.2.1 AG-GT 型内含子的特征

AG-GT 型内含子的剪接位点（splicing site，ss）具有明显的保守序列。5′ 剪接位点具有 AG/GTAAGT 的保守特征，3′ 剪接位点具有 TGCAG/G 的保守特征，而其分支点位于 3′ 剪接位点上游 20～30bp 处，序列保守性较差，一般含有一个腺苷酸，它的突变或缺失会降低剪接的效率，甚至会导致 pre-mRNA 无法剪接。与其他生物不同的是，脊椎动物内含子在分支点下游还有一段多聚嘧啶保守序列。植物内含子的一个显著特征就是富含 UA 序列，UA 序列均匀地分散在整个内含子当中，它对保证剪接的精确性起着关键的作用[57]。

1.2.2 AT-AC 型内含子的特征

尽管 AT-AC 型内含子含量较少，但在哺乳动物、植物、昆虫的基因组中都有发现[58-59]。第一个发现的 AT-AC 型内含子是以 AT 双核苷酸起始、AC

双核苷酸结束。后来也发现一部分内含子是以 GT 起始、AG 结束，此外还有极少一部分内含子边界并不规则[58]。由于它们剪接方式基本相同，我们统称为 AT-AC 型内含子。AT-AC 型内含子 5' 剪接位点（G/ATATCCTY）和分支点（TCCTTRAY）序列高度保守[60]，而 3' 剪接位点序列的保守性稍差（YAC/G），与分支点之间距离为 10～20bp。植物 AT-AC 型内含子也富含 UA 序列，与 AG-GT 型内含子相似。

1.3　内含子的进化

有关生物的进化驱动力的学说主要有两种：自然选择学说和中性学说。现代自然选择学说继承和发展了达尔文的进化学说，将进化看作基因突变、重组、自然选择和隔离等因素相互作用的结果，突变和重组提供了生物进化的原材料，自然选择决定了生物进化的方向。然而中性学说认为分子层次上的生物进化不是由与自然选择相适应的有利突变引起的，而是由选择中性或接近中性的突变的随机固定造成的。内含子的中性进化理论能很好地解释内含子的多样性，而自然选择学说更有利于分析内含子的起源和内含子的获得与丢失，目前内含子的获得与丢失对基因表达的影响正是研究内含子功能的焦点。

1.3.1　内含子的起源

关于内含子的起源的见解目前还未达成一致，有两种主要理论：一是早期内含子理论，它认为内含子在原始生命中就已经存在，有利于新基因的产生[61-62]；二是晚期内含子理论，它认为与现在的原核生物相似，在原始生命中缺乏内含子，内含子是真核生物后来获得的[63-64]。Nguyen 等用最大概然法分析七种真核生物 684 个正向同源基因内含子分布，支持晚期内含子理论[65]。

1.3.2　内含子的获得与丢失

不同真核生物基因组中的内含子密度在三个数量级范围内变化，这说明内含子在进化过程中发生广泛的内含子获得与丢失[64]（图 1.2、图 1.3）。关于这种密度变化的一种解释是，真核基因组中的内含子是从缺乏内含子的祖先进化而来，且逐渐积累的。内含子随机获得和丢失可能是内含子数量改变的重要因素。有研究显示一些真核生物丢失很多内含子，而其他一些真核生物却获得很多内含子[66-67]。

Roy 等对人类—小鼠和小鼠—大鼠正向同源基因的内含子—外显子结构进

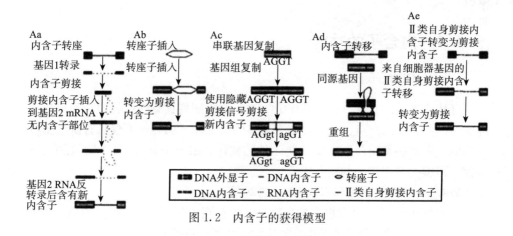

图 1.2 内含子的获得模型

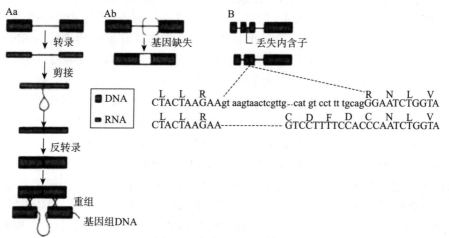

图 1.3 内含子的丢失模型

行分析，并通过河豚与人类—小鼠、人类与小鼠—大鼠的外类群比较，发现小鼠谱系中五个内含子丢失的证据，但没有发现小鼠内含子获得的证据，也没有发现人类内含子丢失或获得的证据。在此项研究中发现内含子丢失时，不影响其周围的编码序列；所丢失的五个内含子都非常短，平均 200bp。Roy 等还比较了镰状疟原虫和约氏疟原虫的正向同源基因保守区域的内含子位点，这些位点可能在十亿年前就发生偏离，两个物种在 2 212 个偏离位点中仅有 27 个位点是特异的[68]。内含子能通过增加基因内重组而增加适应性[69]，内含子丢失可能与基因重组有关。在编码蛋白质的基因中，有很多内含子涉及 DNA 序列的改变，发生在氯喹抵抗型的两种变异显示，疟原虫内含子丢失有正向选择作用。

1.4 内含子的功能

1.4.1 内含子的生物学功能

自从内含子被发现以后，其作为一类非编码序列具有怎样的功能和进化起源成为人们关注的焦点。近来，越来越多的研究发现内含子不仅具有重要生物学功能，它们还是重要生物学功能元件的载体、参与 mRNA 各个阶段的表达调控，是编码基因进化的主要因素。

1.4.1.1 内含子是非编码 RNA 的基源

尽管早在 1977 年就发现真核生物基因中存在内含子[70-72]，但是很少有人关注切除后内含子的新陈代谢及潜在的生物学功能；直到 1990 年，Liu 等研究发现小鼠 hsc70 heat shock 基因内含子序列含有 U14 小核仁 RNA（snoRNA）[73]，而 snoRNA 是各种功能相异 RNA 的精确化学修饰向导分子[74-75]。随着研究的深入，人们逐渐地认识到内含子序列中可能蕴含其他具有重要功能的 ncRNA。越来越多的研究证实内含子是衍生非编码 RNA 的重要源泉。在脊椎动物中发现了约 200 种 snoRNA，它们大多来自剪切后内含子 RNA 片段。例如，在 2000 年，Cavaille 等研究发现在哺乳动物大脑中存在 snoRNA 类似分子的特异表达，这些新颖 snoRNA 的一部分就是来自剪切后内含子中的 RNA 片段。更有趣的是，Cavaille 等研究发现人类大脑特异 snoRNA（HBII-52）有一个 18nt 长引导序列与血清素 2C 受体 mRNA 的编码序列能够完全互补，而且 HBII-52 引导序列第 5 位点与血清素 2C 受体 mRNA 的腺苷→肌苷编辑位点相对应，同时这个编辑位点与第 5 外显子的可变剪接位点也非常接近[76]。HBII-52 在系统遗传学上具有较强的保守性，研究发现小鼠的该基因也有此特征。因此，内含子可能编码许多类似 HBII-52 的非编码 RNA 分子，而具有潜在的生物学功能。

1.4.1.2 内含子是调控元件的载体

在内含子序列中蕴含大量与基因表达相关的调控元件[11-14,76-78]。例如，在人类肝脏中，载脂蛋白 B 基因第 2 个内含子对于基因正常表达是必须的[79]，此外，人类巢蛋白基因第 2 个内含子中进化保守区域能诱导中枢神经系统祖细胞和早期神经嵴细胞的基因特异表达[80]；之后，利用转基因手段将这个巢蛋白基因内含子元件成功用于神经干细胞内诱导转染基因特异表达[81-82]。Hural 等研究表明小鼠白细胞介素 IL-4 基因第 2 个内含子蕴含的顺式调控元件具有双重功能：一是能调节肥大细胞的转录，二是通过诱导基因的甲基化影响染色质结构[83]。人类角蛋白 18 基因第 1 个内含子序列包含一个长度为 100nt 的增强子元件，它通过与 AP-1 和 Ets 转录因子相结合，刺激 Ras-丝裂原活性蛋白激酶信号转导通路能增强基因的表达[84-86]。人类核蛋白酪氨酸磷酸酶 *PRL-1* 基因第 1 个内含子序列中也包含一个增强子元件，能与发育调节因子 PRL1 结合，促进该基因的表达[87]。Howell 等发现爪蟾背中胚层 *XFKH1* 基因第 1 个内含子的一个长度为 107nt 区域具有增强子元件功能，能激活诱导能力[88]。人类 *c-mic* 基因第 1 个内含子的一个 280nt 区域包含 3 个核磷酸蛋白结合位点，可以有效地阻碍该基因转录延伸，而人类 *N-myc* 基因第 1 个内含子的一个 116nt 调控元件可以诱导组织特异性表达[89]。总之，内含子序列中蕴含众多调控元件，其能影响基因的表达。

1.4.1.3　内含子是可变剪接和反式剪接的执行者

真核基因中内含子的存在使其有机会通过可变剪接（alternative splicing）产生多种编码信息。可变剪接在多细胞真核生物中广泛存在，可以使一个单基因序列表达多种蛋白质。内含子序列存在可变 5' 剪接位点、可变 3' 剪接位点、可选择的外显子、互斥外显子及可保留内含子等多种可变组合，从而能形成多种多样的成熟 mRNA，进而合成相应的多种多样蛋白质[90]。据保守估计，人类基因组至少有 35％基因可进行可变剪接[91]。一般来说，一个基因仅产生几种可变剪接 RNA 分子，但有时一个基因可以产生多达数百甚至上千种可变剪接 RNA 分子[92]，如果蝇 *DSCAM* 基因[93]和人类神经素基因[94]。因此，可变剪接是真核生物增加蛋白质多样性的重要方式。内含子的存在使真核生物获得可变剪接的能力，并且内含子本身就是 RNA 剪接和可变剪接的执行者。

反式剪接（trans-splicing）是真核基因增加蛋白质多样性的另一种方式，即两个不同的 Pre-mRNA 重组成一个新的 mRNA。它的机制就是两个 Pre-mRNA 的非编码区域（如内含子序列）发生重组形成新的 mRNA。反式剪接在低等真核生物中广泛存在[95]，也存在于哺乳动物[81,96-97]，如在果蝇[98]和植物[99]中发现。线虫大约 70％的 mRNA 反式剪接成保守的 21～23nt 引导 RNA 分子[100-102]。随着研究的深入和数据的获得，反式剪接的生物学功能重要性将被进一步揭示与评估。

1.4.1.4　内含子是编码序列内交叉减数分裂的增强子

尽管复杂真核生物细胞拥有同一套基因组，但是可以产生几十种不同组织类型。真核生物复合启动子区存在众多调控元件，它们受细胞外信号刺激而启动，进而展现出各自的作用。真核生物通过基因启动子区各调控元件的精确组合与协调表达才能形成各自组织的特异性和各自时间的特异性。在人类中，一个基因的调节转录启动子元件可能在基因上游 50kb 或下游 50kb 被发现。平均而言，高等生物启动子区域比其编码序列大得多。在这个区域存在几十个不同调控元件调控基因表达。因此，真核生物基因组广泛的非编码区能够提供启动子元件进化的空间对真核生物具有重要意义。像位于基因上游的经典启动子区域，内含子携带功能性转录元件及能为基因调控进化提供一个额外的空间，这是由于内含子的一个重要功能是能增加编码区减数分裂的交叉速率，这种基因的编码区之间减数分裂重组对蛋白质的进化非常重要。它汇集不同的突变并尝试它们不同的组合，特别是具有协同作用的组合选择性优势。所以，真核生物内含子的存在可以显著增加蛋白质进化的速度[103-105]。

1.4.1.5　内含子是外显子改组的参与者

内含子早现理论认为基因是由外显子的"碎片"组装起来的，并且其组装是通过内含子序列内部非法重组实现的。后生动物基因组中外显子改组事件经常发生[106]。据保守估计，至少人类 6% 的外显子是外显子复制造成的[107]。人类最大的基因内部大多数有外显子复制现象，如 *titin*、*dystropin*、*collagen*、*von willebrand factor* 等基因。因此，外显子改组对真核生物进化具有重要意义，而内含子就是外显子改组的直接参与者。

1.4.2　内含子对 mRNA 的代谢功能

内含子的功能主要表现在：可变剪接使单一基因产生多种蛋白质；在不同的水平影响基因表达；通过无义介导的 mRNA 降解（nonsense-mediated decay of mRNA，NMD），增强真核细胞基因转录的精确性[47,108-109]。然而近几年，我们逐步认识到内含子的序列结构和其剪接行为能影响 mRNA 许多阶段的代谢过程。这些阶段包括基因转录起始、mRNA 前体编辑、mRNA 出核、mRNA 翻译和 mRNA 降解[110-113]。最好的例证就是在 cDNA 中仅加一个剪接内含子就能显著提高转基因的转录水平[114-120]。

1.4.2.1　内含子与 mRNA 转录

在真核生物中，许多基因中内含子能显著提高它的转录效率[121-122]。在小鼠中，包含内含子的转基因转录水平比不包含内含子的转基因高 10～100 倍[123]。类似地，当将果蝇乙醇脱氢酶基因中的内含子敲除掉，它的转录效率明显降低[124]。内含子也能通过含有调控元件（如增强子、抑制子等）来影响转录效率。两个典型例子是免疫球蛋白 m 和 k 中的内含子存在增强子，它们能有效地提高转录效率。内含子也能通过调整核小体的位置来控制 DNA 可接近性，进而调节转录效率[125]。在转基因老鼠的体外研究中，编码大鼠生长激素基因的内含子序列能促进启动子附近核小体有序组装，进而刺激转录[126]。

内含子除了在 DNA 水平上能影响基因的转录效率，在转录后还能进一步刺激转录，因为羁留在其上的剪接信号能增强 RNA 聚合酶 II（Pol II）的起始能力和持续合成能力[127-129]（图 1.4）。

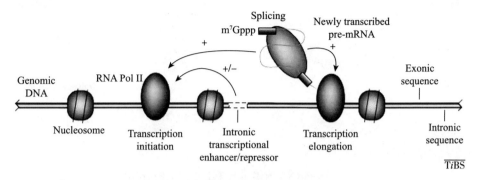

图 1.4 内含子影响转录效率的几种方式

注：内含子中转录增强子/抑制子或核小体定位元件能影响转录起始效率。剪接复合体组分组装在刚刚转录的内含子上能进一步增强转录起始和转录延伸。

在酵母和哺乳动物细胞中，紧邻启动子的内含子能增强转录起始。当 Pol II 起始时，紧邻启动子的内含子能促进 U1 小核 RNA（snRNA）和转录因子 TFIIH 的结合[57]。至于内含子上的剪接信号增强 RNA 聚合酶 II 持续合成的能力，表现在剪接复合体上的 U 小核核糖核蛋白能招募 TAT-SF1（Tat-specific factor 1）蛋白因子，然后 TAT-SF1 蛋白因子和 RNA 聚合酶 II 大亚基上的积极转录延伸因子（positive transcription elongation factor b，pTEFb）相互作用，从而促进转录延伸。

1.4.2.2 内含子与 mRNA 编辑

内含子的剪接、5'端的加帽、3'端的加尾、RNA 编辑等，这些加工事件对基因表达调控非常关键[130-132]，尽管是被独立发现的，但彼此之间却是相互偶联的[133]。内含子直接参与剪接，还促进 mRNA 的 5'帽子和 3'尾的合成。pre-mRNA 刚被合成 20～40nt 后，聚合反应暂停，帽子（cap）结构将会加入它的 5'端。许多研究都表明帽子结构对剪接具有促进作用，并且发现帽子结构可以增强它的近端第一个内含子的切除，但对第二个内含子的影响不大[134-135]。与 5'帽子结构不同的是，3'末端的合成与内含子剪接之间是存在相互作用的[136-139]。有时内含子通过 RNA 编辑对一些外显子序列进行特殊的修正。RNA 编辑能改编特殊密码子，使之更精细地编码蛋白的活性[140-141]（图 1.5）。

1.4.2.3 内含子与 mRNA 出核

内含子的剪接与 mRNA 的输出直接相关[142-145]。当 mRNA 前体完成编辑以后，成熟 mRNA 必须通过核孔由核内运输到细胞质中[146-147]。最近研究发现含有内含子的转录本与 cDNA 转录本不同，能促进出核的 mRNP 复合体装配。而 mRNP 中剪接因子 UAP56 可以将输出蛋白因子 Aly 组合到 mRNA 上，Aly

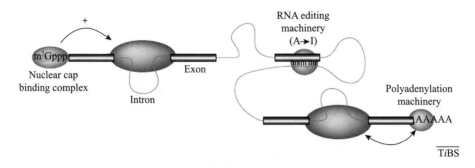

图 1.5　mRNA 前体加工事件之间的相互作用

注：帽子复合物能刺激 5' 端内含子的切除，剪接复合体与聚腺苷酸化机制能促进 3' 端内含子的切除和 3' 尾的形成。多数情况，内含子序列能通过 RNA 编辑来诱导外显子核苷酸的改变。

与 mRNA 出核受体 TAP 之间发生相互作用，从而将 mRNA 输运到核孔处出核翻译。内含子的功能还表现在使没有完成剪接的转录物滞留在细胞核内和促进成熟 mRNA 出核，也就是说只有经过内含子正常剪接后形成成熟 mRNA，mRNA 才能有效地出核[148]。早期的实验表明从 cDNA 转录的 mRNA 不能出核，因而不能表达蛋白，而同样的含有内含子的 mRNA 能够出核并表达蛋白[149-150]。另一个研究表明在爪蟾卵母细胞中完成剪接后 mRNA 能高效地从细胞核输运到细胞质中，而来自 cDNA 完全一样的 mRNA 就几乎不能出核[151]。

1.4.2.4　内含子与 mRNA 翻译

内含子也能影响 mRNA 的翻译效率[152-154]。从 mRNA 前体中敲除一个内含子也能影响到 mRNA 的翻译效率[155-156]。实验表明在爪蟾卵母细胞质中维持同样的 mRNA 浓度，经剪接后的成熟 mRNA 翻译效率明显高于相应的未经剪接的成熟 mRNA 翻译效率。Braddock 等发现将一个成熟 mRNA 直接注入非洲爪蟾卵母细胞，它的翻译受到抑制。这种抑制通过在基因 3'UTR 中加一个可剪接内含子或在细胞质中添加 FRGY2 抗体就能够消除[155]。这说明内含子对 mRNA 的翻译具有促进作用。同样，内含子在基因中位置不同也能影响 mRNA 翻译效率。Matsumot 等发现当内含子置于 5'UTR 时，翻译效率会被明显提高，而当内含子置于 3'UTR 时，翻译效率甚至会低于无内含子的翻译效率[156-158]。

1.4.2.5　内含子与无义介导的 mRNA 降解

无义介导的 mRNA 降解（NMD）是指真核生物选择性地降解含有早熟终止密码子（premature termination codons，PTCs）的 mRNA，是真核生物对转录后 mRNA 进行质量控制[47,108-109,159-160]。NMD 广泛存在于各种真核生物中，可以消除由于突变产生的有害蛋白。NMD 的一个关键作用就是区分早熟的和正常的终止密码子。在哺乳动物中，如终止密码子与下游外显子接头处间距大于 $50\sim$ 55bp，则被认为是早熟的，其 mRNA 会被降解。研究发现外显子连接复合体 （exon junction complex，EJC）中包含与 NMD 作用的重要蛋白因子。在剪接因子 RNPf1 和蛋白因子 Y14 的作用下，输出因子 hUPF3 结合到 EJC 上，这些因子会伴随 mRNA 进入细胞质，在细胞质中被翻译终止复合体检测。尽管在第一轮翻译后，这些蛋白因子从 mRNA 上剥去，但是 NMD 复合体对于正确的 mRNA 已经有了记忆功能，这就使核内剪接与膜中 NMD 之间建立起了直接联系。

1.5 剪接体内含子促进逆境下细胞生存

在 1985 年，Cavalier-Smith 指出内含子是"自私 DNA"序列，没有明确的细胞功能[20]，在酵母基因组中，大多数内含子被移除对于其细胞生长发育无影响[161]。但 2019 年 1 月 Parenteau 等和 Morgan 等研究同时发现，酵母细胞在生长期，如果缺乏必要的营养物质，内含子能帮助其生存，并且揭示内含子是通过调整细胞生长的速率来适应这种变化的环境。两组研究者们从与生理学相关的角度来研究酵母细胞，让我们对内含子的功能产生了一个全新的认识，并且他们在实验中提供的有力证据证明了酵母细胞在应对环境时，内含子通过形成 RNA 积累（pre-mRNA 积累或 post-spliced intron 积累）来调整细胞生长的速率，从而适应这种变化的环境[162-163]（图 1.6）。

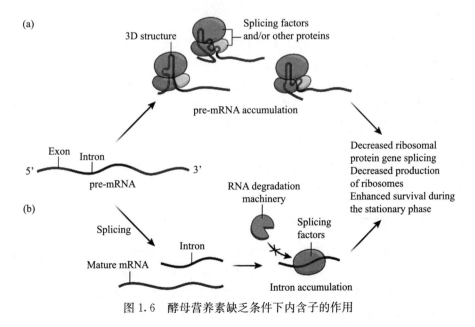

图 1.6 酵母营养素缺乏条件下内含子的作用

Parenteau 等和 Morgan 等发现了内含子新的作用。两组实验发现培养的酵母细胞在应对营养物质有限的情况时，通过减少与呼吸和增殖有关的基因表达进入生长停滞期，并且在细胞进入生长停滞期后，都对内含子的作用进行评估，如在营养物质丰富的条件下合成蛋白质的机制，当处于生长停滞期时核糖体组分的表达式是下调的[164]。Parenteau 等和 Morgan 等在评估后发现在细胞应对营养物质缺乏时，会进入生长停滞期，此时某些内含子发生积累，积累的内含子对细胞的生存会起到一定的作用。由于两组报告选用的内含子形式不同，认为导致内含子在应对营养物质缺乏时以不同的方式进行调节。Parenteau 等人针对未剪接的转录本来确定内含子的作用，然而 Morgan 等采用了剪接后积累的内含子来判断内含子的功能[165-169]。

1.6 ncRNA 调控基因表达的功能

在多种植物和动物中基因组非编码区域存在着不同数量的特定 ncRNA，这些 ncRNA 具有众多的表达数量及特定的表达模式[170-171]，且在物种间具有不同程度的序列保守性[172-175]。这些 ncRNA 是重要的调控元件，能参与调控生物体生长发育、细胞凋亡、神经分化和免疫等重要过程[176-183]。ncRNA 主要有以下几种类型：小干扰 RNA（small interferance RNA，siRNA）和微小 RNA（microRNA，miRNA）。

1.6.1 siRNA

RNAi（RNA interference）最早是在植物中发现的，是由外源或内源性的双链 RNA 导入细胞而引起的与双链 RNA 同源的 mRNA 降解，进而抑制其相应的基因表达[184-185]。RNAi 是生物体内的一种进化保守机制，也是机体为了抵抗病毒入侵的一种天然保护作用。RNA 干扰中，内源或外源双链 RNA 进入细胞后，经细胞内类似于 RNaseⅢ的 Dicer 酶切割成长度为 21～25nt 的小分子双链 RNA，即 siRNA。siRNA 是能降解其同源 mRNA 的 RNA 小分子，在 RNA 干扰过程中起中心作用。siRNA 与靶 mRNA 完全互补配对结合，其靶序列有一个核苷酸突变，就会影响到 RNAi 的沉默效应。

1.6.2 microRNA（miRNA）

miRNA 是存在基因组的非编码区中长度为 21～25nt、序列高度保守的小分子单链 RNA，是可在翻译水平上对基因表达进行调节的 RNA 家族。动物 miRNA 作为转录抑制因子，通过序列的完全或不完全匹配来识别靶基因的 3'UTR，抑制蛋白质的翻译[186]，这种调控一般不会影响靶基因 mRNA 的稳定性[187]；在植物体中，miRNA 分子一般是以不完全互补的方式（配对率为 55％～85％）识别并与 mRNA 靶基因序列相结合，然后通过类似 RNAi 的方式降解靶基因，实现对植物体发育形态和生理功能的调控。这种结合并不局限于靶基因的 3'UTR，而是可以发生 mRNA 的任何位点[188]。miRNA 基因的表达具有阶段特异性和组织特异性，在不同组织中表达不同类型的 miRNA，在不同的发育阶段里有不同的 miRNA 表达[189-192]。

1.6.3　piRNA

与 Piwi 相互作用的 RNA（piRNA）是近年来新发现的一类小 RNA 分子，主要在生殖细胞系中表达。它的表达具有组织特异性，调控着生殖细胞和干细胞的生长发育等方面。piRNA 是一类长度为 26～31bp 的单链小 RNA，其中的长片段的小分子 RNA 只能来源于单链。研究发现在 piRNA 的 5' 端具有强烈的尿嘧啶倾向性（约 86％）这一特征与 miRNA 和 rasiRNAs 相似。目前只在老鼠[193-197]、果蝇[198]、斑马鱼[199]等哺乳动物的生殖细胞中发现 piRNA。研究人员发现，piRNA 在精子发育后期通过 APC/C-26S 蛋白酶体信号通路降解，piRNA 触发了 MIWI 泛素化及 MIWI/piRNA 机器清除。这一研究发现对于深入了解 piRNA 作用通路在哺乳动物精子发生中的功能机制具有重要作用[200]。近年来，研究人员开始慢慢理解 piRNA 约束转座子的机制，但人们依然不了解细胞制造 piRNA 的过程，也不清楚这些 RNA 在生殖细胞系以外还有何功能。Zamore 指出，在哺乳动物中 piRNA 沉默转座子只是其功能的一小部分[201]。

1.6.4　长非编码 RNA

长非编码 RNA（lncRNA）是近期发现的一大类非编码 RNA（长度普遍大于 200nt，故称为长非编码 RNA）。长非编码 RNA 在细胞内普遍转录并大量存在，并已经发现在多个生命过程中执行着重要作用。前期所得结果显示，长非编码 RNA 缺乏显著序列特征，与蛋白编码 RNA 及 miRNA 相比较，其物种间序列保守性差，严重阻碍大规模生物信息学特征及生物学意义的研究[202]。与 mRNA 被翻译成蛋白质不同，lncRNA 分子不能编码蛋白质，这一现实使科研工作者一度认为它们不会对细胞生命活动造成影响。而与 mRNA 相同的是，lncRNA 也通过同样的方式由 DNA 转录而来，也有独特的核酸序列。证据显示，lncRNA 可以将结构蛋白质与包含 DNA 的染色体拴起来，这样就能在不影响遗传密码的情况下间接地影响基因的表达，如 lncRNA 对大脑发育的作用[203]，另外人类机体中还有 8 000 多种长非编码 RNA，其中有些和癌症、发育疾病以及心肌病等疾病相关[204]。我们知道，大部分真核生物的基因是由外显子序列和内含子序列组成。人们普遍认为，外显子片段可以通过转录剪接成为具有功能的 RNA，但是内含子在剪接后却没有生物功能。然而，最新研究成果证实了长内含子可以成环，在基因表达和调控过程中发挥重要作用[205]。

1.6.5　环状 RNA

近些年，环状 RNA（circRNA）成为 RNA 领域的一颗璀璨的新星。它是一类特别的非编码 RNA 分子，与传统线性 RNA 在结构和功能上显著不同。环状 RNA 结构上呈封闭的环状结构，这样的结构表达更加稳定。最近的研究发现，环状 RNA 的功能主要是富含 miRNA 结合位点，在细胞中有分子海绵作用[206-209]。同时，研究表明环状 RNA 与疾病有关[210-211]。

RNA 并不仅仅是 DNA 与编码蛋白之间的一个平凡信使。在过去的 20 年里，研究人员发现了大量的非常规 RNA。一些长度意想不到的短，一些则长到令人感到惊讶。几乎所有的 RNA 是线性的，为数不多的关于植物和动物中环状 RNA 的记述，也被当作遗传意外。随着测序技术的进步，生物学家们积累了大量的 RNA 序列数据集，在线虫、小鼠和人类中发现了成千上万的环状 RNA。Rajewsky 研究小组在斑马鱼中发现，表达的环状 RNA 或敲除 miR-7 可以改变大脑发育。环状 RNA 也可能是细胞外 miRNA 的海绵。一些有可能具有病毒 miRNA 的结合位点，甚至可能与 RNA 结合蛋白发挥作用[211-212]。证据表明，外显子—内含子环形 RNA 几乎完全定位于细胞核中，这个信息与以前发现的有外显子成环定位到细胞质不同[213]。

1.6.6　剪切后内含子

siRNA 与靶 mRNA 完全互补配对结合，使靶 mRNA 降解。miRNA 以不完全互补的方式（配对率为 55%～85%）识别并与 mRNA 靶基因序列相结合，抑制靶 mRNA 的翻译。内含子就有可能与其相应的 mRNA 以相对 miRNA 更弱互补的方式相结合，来调节基因的表达。理论上，内含子与外显子都是真核生物基因组的重要组成成分，转录前，同为基因组序列共同维护染色体各种生物活性和最适空间结构，故它们之间必存在为实现某种生物学功能的各种协同进化元件；转录后，同一基因中的内含子和其相邻或相近外显子都为这个基因的不同时空准确高效表达而服务，这需要内含子与外显子协同作用来完成。Halligan 等研究表明内含子 5' 端约 8bp 和 3' 端约 30bp 为保守性较强的区域[214]，它的功能主要是剪接或可变剪接，但中部的非保守序列具有何作用还缺少深入系统的研究。相当比例非保守序列近乎没有功能的可能性较小，我们认为内含子中部的非保守序列很可能是与 mRNA 存在相互作用的，并在细胞核内被剪切掉后，对成熟的 mRNA 结构、从核内到细胞质的转运过程以及翻译调节起到重要作用。因此，我们推断内含子与 mRNA 可能存在某种协同进化机制，以保证这些生物学功能代代相传及准确、高效地表达，但现在对这方面认识仍处在模糊的探索阶段，故深入研究两者的相互作用及作用机制具有重要的生物学意义。

第二章　研究方法

　　内含子结构与内含子剪接对基因表达调控的影响是当前的研究热点之一。通过对不同生物正向同源基因内含子—外显子的比较分析，发现内含子变异性超过外显子。Halligan 等研究表明内含子 5' 端约 8bp 和 3' 端约 30bp 为保守性较强的区域[214]，它的功能主要是剪接或可变剪接，但中部的非保守序列具有何种作用还缺少深入系统的研究，相当比例非保守序列近乎没有功能的可能性较小。我们认为内含子中部的非保守序列很可能是与 mRNA 存在相互作用的，并在细胞核内被剪切掉后，对成熟的 mRNA 结构、从核内到细胞质的转运过程和翻译调节起到重要作用。例如，mRNA 成熟后从细胞核输运到细胞质过程以及在细胞质中与核糖体相互作用之前，会形成特定结构或借助其他元件形成双链结构从而避免被水解或是与其他蛋白质作用而降低表达效率，如果它形成的结构较为松散，核糖体聚合体在翻译延伸时耗能较少，有利于提高翻译效率。这种松散结构有两种形成方式：①借助 mRNA 自身和一系列结合蛋白；②借助内含子形成双链结构。

　　对于①则可能需要大量的结合蛋白和其他结合分子来协助完成，从生产和核内外输运角度来讲，对生物来说是不现实的；对于②则需要的代价较小，因为剪切下来的内含子就可能提供形成这种双链结构最丰富的物质基础。内含子完成剪接任务后，可以继续承担其他角色，符合生物精简原则。在此思路的基础上，本研究主要从内含子与其相应编码序列的相互作用分布特征以及内含子与其相应 mRNA 的相互作用特征和普适性进行分析。在这些研究中，如何合理地将内含子与其相应编码序列或 mRNA 序列的相互作用反映出来，并将内含子（编码序列或 mRNA 序列）与其相应编码序列或 mRNA（内含子）相互作用的最可能区域分布特征反映出来是本研究的关键。

　　本章首先介绍内含子序列与其相应编码序列或 mRNA 全局比对和局域比对的方法。由于全局比对耗时长等问题，我们在具体比对时主要选择了碱基匹配局域比对方法，另外又加入了结合自由能加权局域比对方法和新对称相对熵局域进化关联方法与碱基局域比对方法作比较。其次，介绍内含子序列与其相应编码序列或 mRNA 序列在比对前后的区域匹配频率的统计分析方法。

2.1　全局比对

　　为了研究内含子序列与其相应编码序列或 mRNA 序列的相互作用，我们先给出内含子互补序列与其相应编码序列或 mRNA 的整体联配。在本研究中我们采用 DAMBE 软件（Data Analysis and Molecular Biology and Evolution software）（http：//dambe. bio. uottawa. ca/dambe. asp）来分析内含子序列与其相应编码序列或 mRNA 的序列比对。DAMBE 软件是渥太华大学的 Dr. Xia 编制的综合性序列分析工具软件，功能很广，包括格式转换、统计、处理、分析、绘图、进化树分析和处理各种序列数据。以 rps-17 为例来说明，如图 2.1 所示。

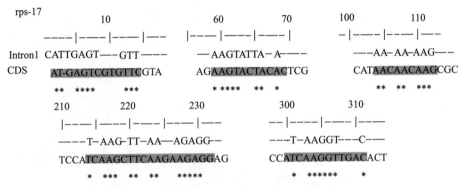

图 2.1 利用 DAMBE 软件对内含子与相应的编码序列进行快速多重比对

结果显示，内含子与其编码序列形成几个特定匹配片段对，这些片段对以弱性匹配为主（具体见附图 A 和附表 A）。

2.2 mRNA 折叠

经剪接后 mRNA 会形成一定空间结构，这种结构会影响 mRNA 后续功能是否顺利实现。如果内含子序列与其相应编码序列或 mRNA 存在相互作用，内含子就会调节 mRNA 结构的形式。mRNA 的二级结构是其空间结构的基础和功能单元，具有很重要的生物学意义。本研究采用了 David H 等编制的 RNA Structure（Version 4. 5）软件来预测 mRNA 的二级结构，它根据最小自由能原理，依据 RNA 一级序列预测 RNA 二级结构（图 2.2）。预测所用的热力学数据是最近由 Turner 实验室获得的。提供一些模块以扩展 Zuker 算法的能力，使之成为一个界面友好的 RNA 折叠程序。RNA Structure 使用 Zuker 算法预测 RNA 二级结构，预测一个结构分两步进行。第一步是使用回归算法生成一个最优结构与一系列次优结构。生成次优结构的个数由用户输入的两个参数（maximum structures and ％ sort）决定，第三个参数为窗口大小，此参数控制次优结构有多少不同。小的窗口尺寸只允许生成非常类似的结构。第二步是重新排序最有可能的结构。使用公式重新计算每个结构的最小自由能，输出根据重新计算的最小自由能排序。两步是连续进行的。序列长度小于 500bp 时，其预测精度是可靠的。

图 2.2　RNA Structure 软件预测的 rps-17 编码序列二级结构

预测 CDS 序列二级结构时发现，内含子中含有的几个特定片段与编码序列结合的区域大多数是二级结构中的茎区域。这说明如果内含子与编码序列相结合，就能有效地阻止编码序列形成茎结构，有利于翻译的进行。

2.3　碱基匹配局域比对方法

在本研究中，用最佳匹配片段来表征内含子序列与其相应 mRNA 序列之间的相互作用。采用 Smith-Waterman 局域相似性比对软件（http://mobyle. pasteur. fr/cgi-bin/）来寻找给定内含子序列和 mRNA 序列之间的最佳匹配片段以及该片段所处的位置[215-216]。首先将内含子序列转化成其互补序列，然后与其相应 mRNA 进行相似性比对，在获得它们之间的最佳相似性片段后，再将内含子上互补的最佳相似性片段反转，得到它们之间的最佳匹配片段。

1981 年由 Smith 和 Waterman 提出的 Smith-Waterman 算法是双序列比对方法中最基本的方法，具有高准确度、高运算率等优点。它的思想可以概括为一个评价打分技术，它基于动态规划策略的局部序列比对技术，在一条搜索路径中分数可能增加、减少或者不变。通过相似性评估技术来对当前节点打分，相同节点则增分，不同节点则减分，并且必须有间隙（Gap）惩罚机制来处理片段空隙[217-218]。自从 Smith-Waterman 方法开发出后，它就被广泛用于生命科学各项研究。在研究生物大分子序列结构与功能时，应用 Smith-Waterman 方法可以有效地解决序列的片段测定和拼接，基因的表达分析，RNA 和蛋白质的结构功能预测，物种亲缘树的构建等工作中有关序列比较问题[219-223]。在序列片段的测定和拼接方面，Smith-Waterman 局域比对方法用来寻找与参考序列最相似的短基因片段以及最佳对应位置，通过短基因片段重组基因组[224]。Das 等用该方法在基因组水平上区分人类和酵母稳定和短暂的相互作用[225]。Zhong等采用 Smith-Waterman 比对方法，对真核基因调控网络关系进行修正[226]。Smith-Waterman 局域比对方法也可用来确定蛋白质之间的同源性[227-229]，如Vacek 等采用该方法对来自 PacBio RS 的多基序列的长—短—读序列之间的所有重叠区域进行比对且速度较快[230]。

本研究中计算内含子序列与其相应 mRNA 的最佳匹配片段过程中采取Ednafull 矩阵，选取的参数如下：每个空隙罚分（Gap penalty）为 50.0，空隙中每延伸一个碱基位点罚分（Extend penalty）为 5.0。得到两者仅有一个可信的最佳局域匹配片段，也是两条序列相互作用概率最大的片段[77-78,231]，如图 2.3 所示。

(a)		bp		bp
cIntron10	1 123	AGGATCCGGGAATCAGACTATAG	1 145	
		|.||.||||..||||||||.|.|		
mRNA	798	ATGATCCGGAGATCAGACTGTGG	820	
(b)				
Intron10	1 123	TCCTAGGCCC TTAGTCTGATATC	1 145	
		|.||.|||..|||||||.|.|		
mRNA	798	ATGATCC GGA GATCAGACTGTGG	820	

图 2.3　基于 Smith-Waterman 局域比对方法的内含子序列与其相应 mRNA 序列最佳匹配片段对

注：(a) 最佳相似片段对（cIntron10 是第十内含子的互补序列）。(b) 真实的最佳匹配片段对。

2.4 结合自由能加权局域比对方法

众所周知，DNA 双螺旋结构的主要作用力是氢键和碱基堆积力。在氢键方面，有较高 G+C 含量的组合在能量上较为有利；在碱基堆积力方面，相邻碱基间以 GC 和 CG 组合较多的序列最为稳定。本节从能量的观点来分析内含子序列与其相应 mRNA 的相互作用时，仅考虑最简单的情况：内含子序列中仅有的一个片段与其相应 mRNA 的一个局域片段存在最强烈的相互作用（其他更复杂的多片段对的相互作用在后期深入中逐步考虑研究），即在内含子序列与其相应 mRNA 相互作用时，形成类似于双螺旋的 RNA-RNA 茎区结构。在本节中采用自由能最低的"最优"结构的动态规划算法来寻找内含子序列与其相应 mRNA 序列自由能最低的最佳局域匹配片段。

采用最小结合自由能法研究生物大分子之间的相互作用是目前有效的手段之一。编码 RNA 的表达和非编码 RNA 的功能都与其自身的结构有紧密的联系[232]，并且已知的 700bp 以下 RNA 中可被正确预测的碱基对达到 40%～70%[233]，故最小自由能法已经是预测 RNA 二级结构常用的手段。计算最小自由能的方法也被广泛应用于蛋白质折叠[234-236]以及蛋白质结构预测[237-239]、分子对接[240-243]、药物设计和筛选[244-246]、生物大分子之间的相互作用[247-250]等科学家关注的焦点研究领域。Guerois 通过对结合自由能的分解[251]建立的 Fold X 模型，并通过此模型计算了不同复合物中 82 个单点突变的自由能变化，最终结果和实验值有 0.8 的相关性[252]。谢志群等制定的 PDOM 的结构域划分系统，通过自由能较低的能量状态来检测蛋白质折叠过程中结构域的稳定性和独立存在性，从而划分蛋白质二级结构到三级结构折叠过程中出现的结构域[253]。在医药学的研究中，药物设计是以生物大分子和药物分子的相互作用为研究基础，尽可能地提高受体与配体之间的结合能力以及结合特异性和选择性，结合自由能值就是评价预测分子非常重要的标准。

本研究运用最小化自由能方法是根据氢键数目与自由能呈负相关性，最大化氢键数目从而预测最小自由能结构[254]，暂且不考虑碱基堆积力的作用。若 A-T/T-A 碱基对结合获得能量为 $E_{\text{A-T/T-A}}$，G-C/C-G 碱基对结合获得能量为 $E_{\text{G-C/C-G}}$，则设定 $E_{\text{A-T/T-A}}/E_{\text{G-C/C-G}} \approx 2 : 3$。由于 A-T/T-A 碱基对与 G-C/C-G 碱基对结合释放能量不同，在具体比对过程赋予其不同权重。在匹配比对过程采取以下原则：若碱基配对正确则先奖励+3.0，若碱基对为 A-T/T-A 则再获得+2.0，若碱基对为 G-C/C-G 则再获得+3.0；这样正确匹配碱基对 A-T/T-A 获得+5.0，正确匹配碱基对 G-C/C-G 获得+6.0。若碱基配对错误，罚分-4.0。

在本研究中利用结合自由能加权局域比对方法计算内含子序列与其相应
mRNA 序列的最佳匹配片段过程中仍采用 Ednafull 矩阵，选取的参数如
下：每个空隙罚分（Gap penalty）为 -50.0，空隙中每延伸一个碱基位点
罚分（Extend penalty）为 -5.0。最后得到两者之间的一个最佳局域匹配片
段，也是两条序列相互作用概率最大的片段[231,77-78,255]。比对过程示意图见
图 2.4。

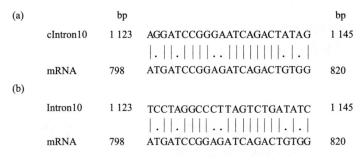

图 2.4　基于结合自由能加权局域比对方法的内含子序列与其
相应 mRNA 序列最佳匹配片段对局域匹配

注：（a）最佳相似片段对（cIntron10 是第十内含子的互补序列）。（b）真实的最佳匹配片段对。

2.5　新对称相对熵局域进化关联方法

本节从 RNA 片段进化关联角度分析两类 RNA 序列之间的局域序列进化
关系。采用新对称相对熵来表征局域进化关联指标，计算内含子序列与其相应
mRNA 序列之间的局域片段对的进化关联。新对称相对熵法经过科学工作长
期积累与检验，发现在研究 DNA 序列或 RNA 序列进化关系方面是一个可靠
方法。

1948 年美国科学家 Shannon 首次提出"信息熵（entropy）"的概念，并
给出一种度量信息的方法，其信息熵的公式为

$$H = -\sum_{i=1}^{m} p_i \log_2(p_i) \tag{2-1}$$

其中 p_i 为信息出现的概率。它具有以下性质：对称性、非负性、可加性、
扩展性及极值性。1951 年，Kullback 提出相对熵（relative entropies），用来
考察两类频率 $P = \{p_1, p_2, p_3, \cdots, p_n\}$ 和 $Q = \{q_1, q_2, q_3, \cdots, q_n\}$ 的
距离，其表达式为

$$H(p \parallel q) = \sum_{i}^{m} p_i \ln \frac{p_i}{q_i} = -\sum_{i}^{m} p_i \ln \frac{q_i}{p_i} \tag{2-2}$$

相对熵越小表示两类频率越接近，相似性越大。它具有极小性和非负性的特征。Li 利用相对熵可以识别酵母蛋白质编码基因，效果很好[256]。Harlan Robins 等人用相对熵捕获宿主—噬菌体的同源位点[257]。Yuan 基于突变信息和相对熵理论，提高了 RNA 剪切位点预测的准确性[268]。

由于相对熵不具有对称性，它无法衡量两离散型概率分布间的差异。2005年，傅强等引入对称相对熵（symmetric relative entropy，SRE）衡量差异的程度。

定义：设两离散型概率分布 $p = \{p_1, p_2, \cdots, p_m\}$，$q = \{q_1, q_2, \cdots, q_m\}$，则它们之间的对称相对熵为

$$SRE(p \parallel q) = H(p \parallel q) + H(q \parallel p) = \sum_{i=1}^{m} p_i \ln \frac{p_i}{q_i} + \sum_{i=1}^{m} q_i \ln \frac{q_i}{p_i} \quad (2\text{-}3)$$

通过比较发现无论是编码区还是非编码区，原核生物都具有比真核生物更高的 SRE 值，并且某一生物的 SRE 值与该生物全基因组中编码区所占的百分比存在一定的相关性（相关系数为 0.86）[269]，通过以上研究表明，至少部分真核生物的内含子可能起源于编码序列，同时也说明引入对称相对熵是一种在研究物种基因组序列的进化方面比较有用的方法。

在 2006 年李蒨[260]等在蛋白质序列复杂性简化与非比对序列分析时，应用了归类简化的方法，但是这个过程中如果没有采用好的标准，可能会导致结果误差很大。这是由于对称相对熵对于极端值很灵敏，p_i、q_i 二者中只要有一个为 0，则将出现 $SRE(p \parallel q) = \infty$ 的情况，故对称相对熵在衡量基因组间的进化关系时存在缺陷。后来在此基础上，沈娟[261]提出了新对称相对熵（new symmetric relative entropy，NSRE）：

设两离散型概率分布 $p = \{p_i, p_2, \cdots, p_m\}$ 和 $q = \{q_1, q_2, \cdots, q_m\}$，则它们之间的新对称相对熵为

$$NSRE(p \parallel q) = \sum_i p_i \log \frac{2p_i}{q_i + p_i} + \sum_i q_i \log \frac{2q_i}{p_i + q_i} \quad (2\text{-}4)$$

由 $NSRE$ 的定义可得如下性质：

①非负性：$NSRE(p \parallel q) \geqslant 0$。

②极小性：$NSRE(p \parallel q) \geqslant 0$，当且仅当 $\forall_i$ 有 $p_i = q_i$ 等号成立。

③对称性：$NSRE(p \parallel q) = NSRE(q \parallel p)$。

④可加性：$NSRE(p^I + p^{II} \parallel q^I + q^{II}) = NSRE(p^I \parallel q^I) + NSRE(p^{II} \parallel q^{II})$。

在研究酿酒酵母、裂殖酵母和果蝇的核小体序列时，孟虎等创新性地使用了新对称相对熵。$NSRE$ 分布反映了三个生物的核小体序列特征差异，这种差异表明共同进化中核小体序列中的使用特征[262]。刘国君运用新对称相对熵来定量描述 8-mer 模体使用的分离距离[263]，同样李玲利用新对称相对熵和离

散增量这两种距离函数，通过距离矩阵法构建生物系统进化树[264]。

本研究采用新对称相对熵法计算内含子序列与其相应 mRNA 的局域片段对进化关系。在计算过程中，消除新对称相对熵法对短片段计算的涨落影响，以及在用改进 Smith-Waterman 局域比对方法和结合自由能加权局域比对方法获得最佳匹配片段长度分布的基础上，我们选取最小比对片段长度 15bp，最大长度不限。根据公式（2-4），开发新对称相对熵法的高通量相似性比对软件包，获得内含子序列与其相应 mRNA 序列之间新对称相对熵最小的局域片段作为进化关联片段对。

2.6　区域匹配频率分布统计方法

当一个基因的 mRNA 序列与该基因中的某个内含子做局域比对后，在 mRNA 序列上就得到一个最佳匹配片段的位置分布，将不处在最佳匹配片段的碱基赋予"0"值，处在最佳匹配片段中的碱基赋予"1"值，这样 mRNA 序列就转化为由"0"或"1"组成的数字串。假设所有 mRNA 序列等长，纵向对齐排列后，统计每个位点上数字"1"出现的频率，称为该位点上的匹配频率，匹配频率表征了该位点参与相互作用的概率或参与相互作用的强度，最后得到匹配频率在 mRNA 序列上的分布。通过匹配频率的分布，可以分析内含子序列与其相应 mRNA 序列相互作用的位置分布规律。由于 mRNA 序列长度各不相同，无法表达最佳匹配区域与 mRNA 序列的位置关系。为此，我们将 mRNA 序列进行长度标准化，最佳匹配区域的位置被转化成相对位置，这样得到的匹配频率分布可以体现出它在 mRNA 序列上的相对位置分布。

定义 1：序列长度的标准化。

由于测试序列的长度不同，为了得到相对的位点分布，将利用下面的方法将序列标准化为 100。

$$
k = \begin{cases} (\frac{100}{L}) \times j & (\frac{100}{L}) \times j \text{ 是整数} \\ [(\frac{100}{L}) \times j] + 1 & (\frac{100}{L}) \times j \text{ 不是整数} \end{cases} \tag{2-5}
$$

式中，L 为测试序列的长度，j 为测试序列的第 j 个碱基位点，标准化后第 j 个碱基位点的相对位置为 k。方括号的函数是高斯整数函数，取实数的整数。因此，不同长度的测试序列都标准化为 100。

定义 2：匹配打分函数。

对于标准化后的测试序列，匹配的打分函数 f_k 为

$$
f_k = \begin{cases} 1 & k_s \leqslant k \leqslant k_e \\ 0 & k < k_s \text{ 或 } k > k_e \end{cases} \tag{2-6}
$$

其中，k_s 和 k_e 分别表示标准化后测试序列中"最佳匹配片段"坐落区域的起始位点和终止位点。有效值 1 赋予坐落区域内的碱基位点，无效值 0 赋予坐落区域外的碱基位点。因此，在标准化的测试序列中碱基位点就有各自的打分值（图 2.5）。

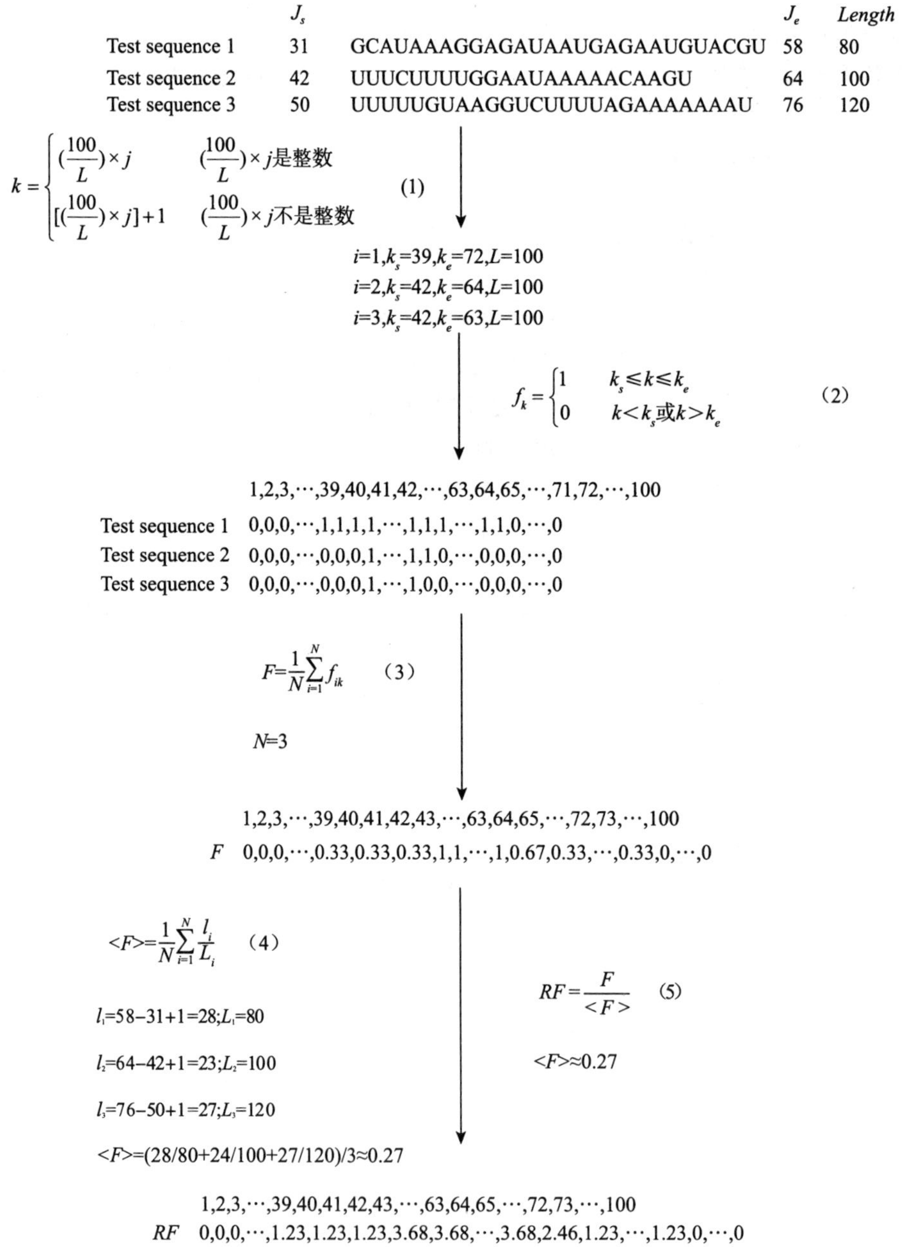

	J_s		J_e	Length
Test sequence 1	31	GCAUAAAGGAGAUAAUGAGAAUGUACGU	58	80
Test sequence 2	42	UUUCUUUUGGAAUAAAAACAAGU	64	100
Test sequence 3	50	UUUUUGUAAGGUCUUUUAGAAAAAAAU	76	120

$$k = \begin{cases} (\frac{100}{L}) \times j & (\frac{100}{L}) \times j \text{是整数} \\ [(\frac{100}{L}) \times j]+1 & (\frac{100}{L}) \times j \text{不是整数} \end{cases} \quad (1)$$

$i=1,k_s=39,k_e=72,L=100$
$i=2,k_s=42,k_e=64,L=100$
$i=3,k_s=42,k_e=63,L=100$

$$f_k = \begin{cases} 1 & k_s \leq k \leq k_e \\ 0 & k<k_s \text{或} k>k_e \end{cases} \quad (2)$$

$1,2,3,\cdots,39,40,41,42,\cdots,63,64,65,\cdots,71,72,\cdots,100$

Test sequence 1 $0,0,0,\cdots,1,1,1,1,\cdots,1,1,1,\cdots,1,1,0,\cdots,0$
Test sequence 2 $0,0,0,\cdots,0,0,0,1,\cdots,1,1,0,\cdots,0,0,0,\cdots,0$
Test sequence 3 $0,0,0,\cdots,0,0,0,1,\cdots,1,0,0,\cdots,0,0,0,\cdots,0$

$$F=\frac{1}{N}\sum_{i=1}^{N} f_{ik} \quad (3)$$

$N=3$

$1,2,3,\cdots,39,40,41,42,43,\cdots,63,64,65,\cdots,72,73,\cdots,100$
F $0,0,0,\cdots,0.33,0.33,0.33,1,1,\cdots,1,0.67,0.33,\cdots,0.33,0,\cdots,0$

$$<F>=\frac{1}{N}\sum_{i=1}^{N}\frac{l_i}{L_i} \quad (4)$$

$l_1=58-31+1=28;L_1=80$

$l_2=64-42+1=23;L_2=100$

$l_3=76-50+1=27;L_3=120$

$<F>=(28/80+24/100+27/120)/3\approx0.27$

$$RF=\frac{F}{<F>} \quad (5)$$

$<F>\approx0.27$

$1,2,3,\cdots,39,40,41,42,43,\cdots,63,64,65,\cdots,72,73,\cdots,100$
RF $0,0,0,\cdots,1.23,1.23,1.23,3.68,3.68,\cdots,3.68,2.46,1.23,\cdots,1.23,0,\cdots,0$

图 2.5 公式（2-5）至公式（2-9）的流程演示

定义 3：匹配频率。

匹配频率 F 为

$$F = \frac{1}{N}\sum_{i=1}^{N} f_{ik} \qquad (2\text{-}7)$$

这里 i 表示第 i 条测试序列，N 表示测试序列的数目。F 表示在测试序列与比对序列进行匹配时，标准化后的测试序列在第 k 个相对碱基位点的相互作用概率或潜在的相互作用强度。

定义 4：平均匹配频率。

对于每个位点的平均匹配频率函数 $<F>$ 为

$$<F> = \frac{1}{N}\sum_{i=1}^{N} \frac{l_i}{L_i} \qquad (2\text{-}8)$$

这里，l_i 是第 i 条测试序列的最佳匹配片段的长度。L_i 是第 i 条测试序列的长度。对于标准化测试序列，$L_i = 100$。$<F>$ 表示 N 条测试序列的平均匹配频率，该值对于每个测试序列为一个常数值。

定义 5：相对匹配频率。

在 N 条测试序列的第 k 个碱基位点的相对匹配频率函数 RF 为

$$RF = \frac{F}{<F>} \qquad (2\text{-}9)$$

RF 反映了 N 条测试序列中每个碱基的相对偏好。因此，当 $RF > 1$ 时，表示在第 k 个碱基位点的相互作用是正向的偏好，我们将 $RF > 1$ 的区域称为最佳匹配区域（optimal matched regions，OMRs）。此外，$RF = 1$ 表示该测试序列在第 k 个位点的平均匹配频率。

2.7 信息熵分析

运用信息熵概念来分析测试序列的序列特征。二阶信息冗余 D_2 是描述序列特征的一个很好的参数[265-266]。对于一条 DNA 序列，其二阶信息冗余定义为

$$D_2 = \sum p_{ij} \log_2(p_{ij}/p_i p_j) \approx 1/2\ln2 \sum (p_{ij} - p_i p_j)^2/p_i p_j \quad (2\text{-}10)$$

公式中 p_i 或 p_j 为单碱基 i 或 j 出现的概率（i，$j=$A，C，G，U），p_{ij} 为紧邻碱基对 ij 在序列中出现的联合概率。D_2 表征序列中 16 种紧邻碱基对出现的频率相对于独立序列的总偏离程度[108]。换言之，D_2 值越大，序列越保守或结构序越强。由公式（2-10）可知总有 $D_2 \geqslant 0$，其中等号在 $p_{ij} = p_i p_j$ 时成立，表示没有双碱基偏好性。

具体的碱基对偏好性可定义为

$$Q_{ij} = \frac{p_{ij}}{p_i p_j} - 1 \qquad (2\text{-}11)$$

其中 p_i 或 p_j 为碱基 i 或 j 出现的概率（i，j＝A，C，G，U），二核苷 ij 在序列中的单碱基步长出现频数为 p_{ij}。可根据 Q_{ij} 值的正负来判断特定碱基对频率的观测值相对于随机期望值的多与少。

两条序列 m 和 n 中碱基对使用偏差的算术平均值定义为

$$Q_2^{m-n} = \frac{\sum\limits_{i,j} |Q_{ij}^m - Q_{ij}^n|}{16} \qquad (2\text{-}12)$$

Q_2^{m-n} 值反映了两条序列碱基对使用的偏差。

2.8 对照序列构建方法

作为对照，我们构造了两种对照序列。①组分约束随机序列（component constraint random sequence，CC-random）。针对每个成熟 mRNA 序列和相应的内含子序列，分别构造 10 组相应的组分约束随机序列，组分约束随机序列的碱基含量和长度与实际序列相同，但每个碱基的排列顺序是随机的。②分段的组分约束随机序列（component constraint regionalization random sequence，CCR-random）。它是将 mRNA 序列的 5'UTR、CDS 和 3'UTR 分别进行组分约束下的随机处理，然后依次连成一个新的"mRNA"，其相应内含子序列也进行组分约束下的随机处理。对这两类序列的分析统计过程与真实序列一样，最后得到 CC-random 和 CCR-random 序列上匹配频数的分布。

第三章　线虫核糖核蛋白基因内含子
与其相应编码序列的相互作用

　　秀丽隐杆线虫（*Caenorhabditis elegans*，*C. elegans*）是分子生物学和发育生物学研究领域最重要的模式生物之一。线虫作为模式生物的主要优势是唯一一个身体中的所有细胞能被逐个盘点并各归其类的生物；生命周期短，从出生到性成熟只有 3 天半，这就使得不间断地观察并追踪每个细胞的演变过程成为可能；已经建立了完整的从受精卵到成体细胞所有的谱系图。因而，线虫在遗传与发育、行为与神经、衰老与寿命、遗传性疾病、病原体与生物机体的相互作用、药物筛选、动物的应急反应、环境和信号传导等领域都占据了不可替代的位置[267-268]。核糖核蛋白基因作为看家基因在生物学研究中具有很多优势，它们参与所有生物蛋白质翻译的关键过程，在进化上具有非常好的保守性，从而形成一类保守基因家族，广泛存在于所有的真核生物中，并且它们的内含子长度和个数在所有的真核生物中差异较小[64,269-273]。因此，线虫核糖核蛋白基因成为研究生物分子机制和分子之间相互作用最有效的工具。本章以线虫核糖核蛋白基因为研究对象，分析内含子与相应蛋白质编码序列（protein coding sequence，CDS）的相互作用，充分讨论了内含子的位置、长度对它们相互作用的影响及最佳匹配片段在内含子和编码序列上的分布。

3.1　数据库

　　线虫核糖核蛋白大、小亚基基因序列取自 Ribosomal Protein Gene Database（RPG）[36]（http://ribosome. miyazaki-med. ac. jp/），共 88 条基因序列，剔除两条没有内含子及一条没有给出明确编码序列的基因后，共得到 85 条基因序列，含有 180 个内含子和 265 个外显子。

3.2　三类内含子序列上的最佳匹配频率分布

3.2.1　三类内含子序列上与编码序列的最佳匹配频率分布

　　根据内含子在基因中的不同位置，将内含子分为第一内含子、第二内含子和其他内含子（线虫中含有多于三个内含子的基因数量较少，将其合为一类）三类。Halligan 等研究表明内含子 5' 端约 8bp 和 3' 端约 30bp 的区域，是内含子剪接或内含子可变剪接的功能保守区域[214]，故我们将内含子分为三个部分来分析。第一部分为 5' 端剪接区，第二部分为内含子中部非保守区域，第三部分包含多嘧啶层和 3' 端剪接区。以三类内含子序列为测试序列，整个编码序列为比对序列，分别进行局域比对，得到内含子上匹配频率随其相对位置的分布（图 3.1）。

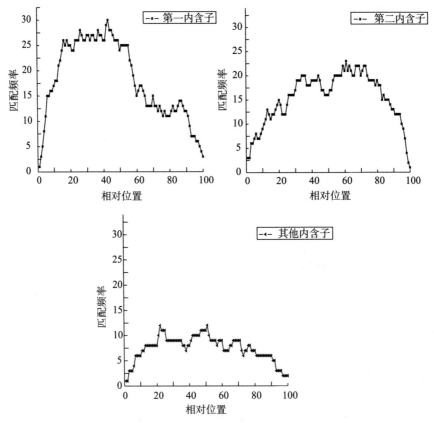

图 3.1　内含子上最佳匹配频率随其相对位置的分布

　　分析这三个分布发现，三类内含子在中部区域与编码序列的匹配程度均高于两端（5' 端剪接区和多嘧啶层—3' 端剪接区）。这表明内含子的中部序列与编码序列存在较强的相互作用，这种相互作用反映了两者之间的序列构成具有协同性，进而表现出两类序列功能之间的协作关系。比较图 3.1 中三种分布，第一内含子与编码序列的匹配主要在其内含子 5' 端 15%～55% 的范围，而第二内含子的最佳匹配区域比较宽，在 30%～80% 的区域，其峰值靠近 3' 端。其他内含子曲线涨落较大，这是由于线虫基因内含子平均个数为 2.7 个，第三内含子数目少造成的，但仍显示出中部匹配较强的特征。在第一内含子 3' 端长度约 40% 的区域内，与编码区的匹配作用明显降低，而第二和其他内含子 3' 端则没有这种现象，说明第一内含子的序列构成和作用与其他内含子的确有差别。

3.2.2　三类内含子序列上与相应外显子序列的最佳匹配频率分布

将编码序列上的外显子作为比对序列，与三类内含子作比对分析，结果见图 3.2。结果表明：三类内含子的最佳匹配频率分布与上一小节的基本相似，即中部区域与编码序列的匹配程度均高于两端的剪接区，但是仍有一些差别存在。

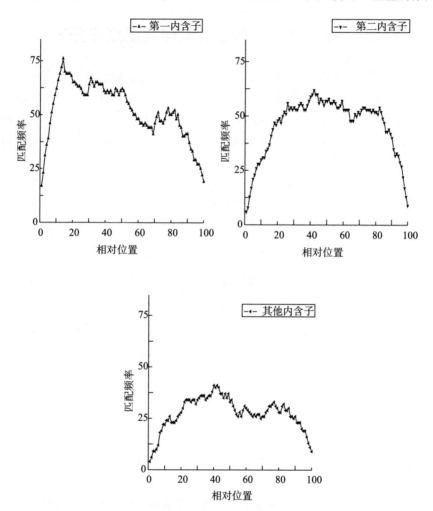

图 3.2　内含子与相应编码序列的最佳匹配频率在内含子上的分布

这表现在：第一内含子上没有像图 3.1 那样在 5' 端剪接区有一段明显的最佳匹配频率区域。可以这样理解它们的差别：图 3.1 中，第一内含子的最佳匹配区域包含了外显子内和外显子连接处的最佳匹配信息，而图 3.2 的第一内含子分布缺少外显子连接处的最佳匹配，才造成这一分布差异，这暗示外显子内的最佳匹配区比外显子连接处的最佳匹配区更靠近 5' 端，在大于第一内含子 60％的区域，分布基本没有改变。第二内含子中部有一个稳定的高匹配分布，但没有像图 3.1 那样在第二内含子后半部分出现一个高峰。类同对第一内含子的分析，暗示与外显子连接处的最佳匹配集中分布在第二内含子更靠近 3' 端的区域。

3.3 长、短内含子序列上的最佳匹配频率分布

内含子序列与相应编码序列普遍存在一个高匹配区域，说明内含子序列和编码序列在这个区域具有较强的协同进化关系。为了进一步确定这个区域的大小，不区分内含子的位置，将内含子分为长内含子和短内含子两类，这是由于内含子长度差异很大，根据 Halligan 研究结论，以 80bp 为界将内含子分为长内含子和短内含子两类[214]，短内含子的平均长度为 53.0bp±9.7bp，长内含子的平均长度为 177.3bp±73.1bp。以长内含子或短内含子为测试序列，仍以整个编码序列和外显子序列作为比对序列，分别进行局域比对，得到长、短内含子与外显子序列和整个编码序列最佳匹配频率的分布。结果见图 3.3 和图 3.4。

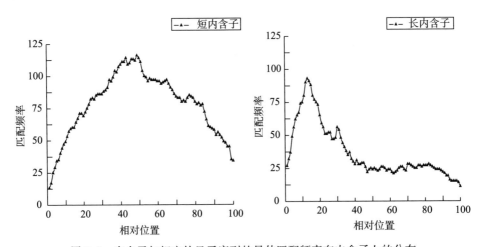

图 3.3　内含子与相应外显子序列的最佳匹配频率在内含子上的分布

图 3.3 分别给出长、短内含子序列与外显子序列的比对结果。发现短内含子序列上的分布与前面的基本一致，最佳匹配区域位于内含子中部，通过计算它们的绝对位置，这一区域平均约在内含子第 8 个碱基位点和第 35 个碱基位点之间，其长度约 27 个碱基。但长内含子分布却有很大的区别，这表现在最

佳匹配频率显著区域位于长内含子的前半部分，在 5%～20% 的范围，平均约在长内含子第 9 个碱基位点和第 36 个碱基位点之间，其长度约 27 个碱基，表明与外显子协同进化的长内含子序列主要集中在前半部分，即紧邻 5' 剪接位点区域，协同进化的序列长度仅限于一定的范围之内，初步估计在 26～40bp，在长内含子的中部和 3' 区域，与外显子序列的（配对）匹配频率很低。以上结果说明，就长内含子序列而言，与外显子序列发生作用的区域主要分布在长内含子序列的前端。

图 3.4 分别给出长、短内含子序列与整个编码序列的比对结果。如图 3.4 所示，在短内含子分布图中，中部仍有一个高匹配区域。对于长内含子，其分布与图 3.3 不同，出现两个峰区，分别在 5' 剪接区和 3' 剪接区附近。通过分析，表明前面的峰区与图 3.3 的峰区的性质是一样的，反映了与外显子内的最佳匹配，因为整个编码序列包含了外显子的链接部分，所以后面的峰区反映了内含子与外显子交接区域的相互作用[257]。

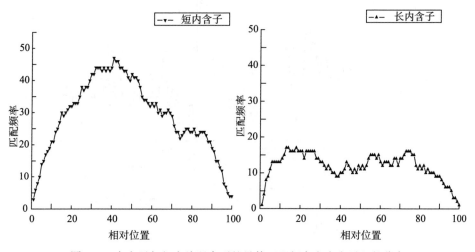

图 3.4 内含子与相应编码序列的最佳匹配频率在内含子上的分布

综合 3.1 节至 3.3 节的分析可以得到这样的结论：内含子中部序列与编码序列有较高的匹配频率，中前部分序列主要与外显子序列相互作用，中后部分主要与外显子链接区域相互作用。对于短内含子，两类相互作用区重叠在一起，因此无法区分这一特征。

3.4 编码序列上与相应的内含子序列的最佳匹配频率分布

前面 3 节的分析是从内含子序列的角度，探讨内含子序列上与编码序列或外显子序列的最佳匹配区域分布；反过来，我们将从编码序列的角度来探讨最佳匹配区域在编码序列上的分布情况。

首先，将整个编码序列作为测试序列，将整体内含子、短内含子和长内含子作为比对序列进行局域比对，结果见图 3.5；其次，仍将整个编码序列作为比对序列，分别与第一内含子、第二内含子和其他内含子进行局域比对，结果见图 3.6。

比较图 3.5 和图 3.6 中的各个分布，发现整个编码序列与所有类型内含子的最佳匹配频率分布具有一些共同的特征：第一，整个编码序列中存在许多与内含子匹配的峰值区域；第二，在编码序列约 10% 和 80% 处各有一个很低的匹配区域；第三，在编码序列的两端均是与内含子的高匹配区域；第四，在编码序列约 25% 处均有一个非常显著的高匹配区域。

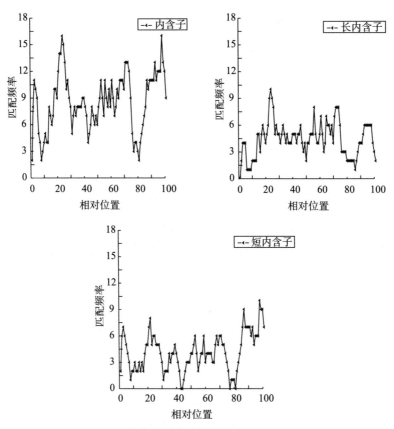

图 3.5 编码序列上与相应内含子的最佳匹配频率分布

我们推测，编码序列上确实存在许多与内含子结合的区域，也存在一些禁

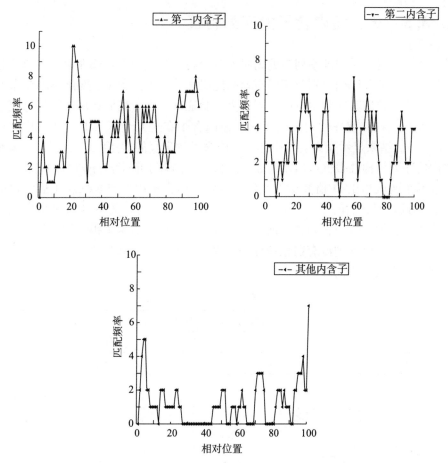

图 3.6 编码序列上与相应内含子的最佳匹配频率分布

配区域，如在编码序列约 10％和 80％处存在的两个禁配区域是值得关注的。我们认为，这些禁配区域可能是某些蛋白因子特异性结合区域，有证据表明，在真核生物细胞无义介导的 mRNA 降解过程中，需要外显子连接蛋白复合体（exon-junction protein complex，EJC）参与[108,274]，而 EJC 正处在外显子连接处附近，这与我们的禁配区域位置一致，另外，在 mRNA 出核的过程中，Aly 等蛋白因子也必须结合在编码序列的第一个 EJC 上游附近[275-278]，因此在编码序列 5' 端存在的禁配区域正好说明它们是蛋白因子的特定结合区域。3' 端禁配区域应该也是蛋白因子的结合区域，但需要进一步验证。在编码序列的两端各有一个高配区域，其生物学意义还不太清楚。我们猜测与这两个高配区域结合的内含子可能参与 mRNA 的出核过程。编码序列上（约 25％长度处）最显著的高匹配区域意义不清楚，是值得深入研究的。

3.5 长、短内含子的序列特征

已知短内含子中部序列与编码序列有较高的匹配频率，长内含子中前部序列、中后部分序列分别与编码序列匹配程度较高。内含子上匹配频率分布的差异应该反映出其序列组成的不同。为了验证这一点，我们运用二阶信息冗余 D_2 和平均二核苷偏好性 Q 分析了长、短内含子在这几个区域的序列结构特征（表 3.1）。结果显示短内含子中部与长内含子后半段的 D_2 值相近且很低，表明它们的序列结构性很低或碱基组成更随机。长内含子前半段序列的 D_2 值很高，与前两个区域相比 D_2 值高出近一倍。尽管短内含子中部与长内含子后半段的 D_2 值相近，但它们的平均二核苷偏好性却有明显差异，短内含子中部序列的平均二核苷偏好性与长内含子前半段序列非常接近，显示了很强的偏好，而长内含子后半段序列则没有明显偏好。这说明短内含子中部与长内含子前半段的序列构成方式是不同的。

表 3.1 不同序列之间特征比较

短内含子序列		长内含子中前部分序列		长内含子中后部分序列	
D_2	Q_2^{S-L1}	D_2	Q_2^{L1-L2}	D_2	Q_2^{L2-S}
0.046	0.142	0.095	0.144	0.054	0.057

3.6 结果与讨论

3.6.1 结果

通过内含子序列与编码序列的局域比对分析，发现了内含子中部序列存在与编码序列的相互作用区域。第一内含子 5' 端 15%～55% 的范围与编码序列的作用明显。长内含子序列上与外显子连接区域和与外显子内部的相互作用位置是不同的，前者位于内含子的后半部分，而后者位于内含子的前半部分。内含子上各个相互作用区域的序列构成是不一样的。发现编码序列上存在多个与内含子序列相互作用区域。在编码序列两端出现了保守的最佳匹配和禁配区域，推测这些禁配区域是可能的蛋白结合域。本章研究结论均支持我们的核心论点，即内含子序列与相应编码序列的相互作用是存在的，内含子序列与编码序列是协同进化的。

3.6.2 讨论

就我们的核心论点，从生物的细胞结构和基因表达调控的物理过程来看也是合理的。就细胞结构而言，真核细胞有核，真核基因有内含子；原核细胞无核，原核基因无内含子。真核细胞中成熟的 mRNA 必须出核后才能完成翻译过程，而原核生物则没有这一过程（表 3.2），因此内含子必然与 mRNA 输运有关系！

表 3.2 不同生物之间特征比较

生物	内含子	核膜	mRNA 出核	mRNA 出核机制
原核生物	无	无	无	无
单细胞真核生物	少量	有	有	偶联于转录
多细胞真核生物	大量	有	有	偶联于剪接

仅从物理的角度跟踪前体 mRNA 剪接和修饰、成熟 mRNA 出核、mRNA 与核糖体的结合和翻译过程，就可以想象到没有内含子参与会是什么样子。真核基因要在细胞质中表达，mRNA 就必须从核内输运到核外。先不谈内含子是否有引导出核的作用，从物理上讲核孔大小和变化是有限度的，如果仅靠 mRNA 自身折叠形成的三维结构（如复杂的颈环结构等），出核是不可想象的，mRNA 应该是以一个比较伸展的状态出核。如果这个伸展结构仅靠一些结合蛋白因子来完成，一是需要的蛋白数目是可观的，需要大量的蛋白经核孔进入细胞核内，这是难以想象的。至少目前还没有观测到有大量的蛋白参与这个伸展过程。二是如果 mRNA 仅靠众多的蛋白因子完成伸展状态，可以想象一条较细的 mRNA 周围带有许多蛋白质（尺度不会小）还能通过核孔吗？如果这些结合蛋白仅仅将 mRNA 送到核孔后脱落，为了完成翻译的调节，mRNA 出核后还需大量蛋白因子重新结合以保持应有的折叠状态。这个过程是不符合生物的能量节俭原则的，目前也没有看到有这方面的实验支持。

如果考虑到剪切后内含子与成熟 mRNA 的相互作用，核内 mRNA 结构的调节、mRNA 出核乃至 mRNA 翻译调节过程就会变得非常简单和自然。设想一下 mRNA 剪接后周围众多内含子片段参与 mRNA 序列结构的调节和参与出核过程。内含子的部分片段通过与 mRNA 的弱性结合，能够对 mRNA 的空间结构进行调节，如阻止颈环的形成，可使 mRNA 形成一个比较伸展的状态。由于双链 RNA 的截面尺度不会很大，通过核孔出核不会有物理上的困难。陈红等研究发现酵母的 mRNA（无内含子）出核是偶联于基因的转录，人类的则是偶联于基因的剪接[275-278]，说明内含子可能参与 mRNA 出核的过程。在细胞质中发现了内含子的存在，它们所起的作用与蛋白因子的作用相似[279-280]。这些结果与我们的论点是一致的。内含子与编码序列的弱性结合在基因表达过程中，还能够有效保护编码序列不被损坏，出核后 mRNA 序列的结构调节仍需内含子参与，以便调控 mRNA 翻译的延伸速率，进而完成对基因表达的调节。所以，考虑了内含子与编码序列之间的相互作用，对上述问题的理解和处理就变得简单和自然了。

另外，在研究蛋白与核酸序列的相互作用过程中，遇到的很大困难就是寻找结合蛋白或蛋白复合体的特异性结合位点，因为结合区域的序列保守性很低。如果考虑了内含子与编码序列之间的相互作用，则这个问题就会变得简单了。因为编码序列上存在许多最佳匹配区域和禁配区域，如果将蛋白质结合看成它们与内含子竞争和协作的过程，可以想象，最佳匹配区域均有内含子结合，那么结合蛋白只能在露出的禁配区域结合了，这样寻找蛋白结合位点就变得容易了。我们猜测实际的生命过程大体也是这样。

第四章 低等真核生物核糖核蛋白基因内含子与相应编码序列的相互作用

在第三章秀丽隐杆线虫（*Caenorhabditis elegans*，*C. elegans*）基因的基础上，又增加了酿酒酵母（*Saccharomyces cerevisiae*，*S. cerevisiae*），解脂耶氏酵母（*Yarrowia lipolytica*，*Y. lipolytica*），粟酒裂殖酵母（*Schizosaccharomyces pombe*，*S. pombe*），黑腹果蝇（*Drosophila melanogaster*，*D. melanogaster*），以上五种生物均是低等真核生物，我们在本章中选取了该五种低等生物的核糖核蛋白基因，这是由于核糖核蛋白基因作为看家基因在生物学研究中具有很多优势：参与所有生物蛋白质翻译的关键过程；在进化上具有非常好的保守性，从而形成一类保守基因家族；广泛存在于所有的真核生物中，并且它的内含子长度和个数在所有的真核生物中差异较小。以上五种真核生物在系统发生树的距离较近，它们拥有相似的进化水平及较小的长度范围和数量规模。因而，它们的核糖核蛋白基因在进化上具有很好的保守性或较小的多样性。将这五种真核生物作为我们的数据主要有两个优势：一是增加数据的样本数，二是便于分析内含子与其相应蛋白质序列相互作用的共同特征。故本章以五种真核生物核糖核蛋白基因为研究对象来分析低等真核生物内含子与其相应蛋白质序列相互作用的共同特征。

4.1 数据库

以酿酒酵母、解脂耶氏酵母和粟酒裂殖酵母（简称酵母），秀丽隐杆线虫（简称线虫），黑腹果蝇（简称果蝇）的核糖核蛋白基因为研究对象，这五类低等真核生物的核糖核蛋白基因序列取自 Ribosomal Protein Gene Database（RPG）[36]（http://ribosome.miyazaki-med.ac.jp/）。在我们数据集中剔除了含有 ncRNA、重复元件等已知非剪接功能的基因，这样在酵母的核糖核蛋白基因中剔除 5 个基因，在线虫中剔除 4 个基因，在果蝇中剔除 10 个基因。最终我们获得 363 个含有内含子的基因、535 个内含子和 898 个外显子（表 4.1）。

表 4.1 五种真核生物核糖核蛋白基因

单位：个

低等真核生物	基因数量	有一个内含子的基因数量	有多个内含子的基因数量
解脂耶氏酵母	56	56	0
粟酒裂殖酵母	87	85	2

（续）

低等真核生物	基因数量	有一个内含子的基因数量	有多个内含子的基因数量
酿酒酵母	71	62	9
秀丽隐杆线虫	81	21	60
黑腹果蝇	68	19	49

内含子不同特征（内含子的位置、长度、序列结构等）能影响基因的表达，Ogino 等研究发现高表达基因倾向于选择短内含子[281]。局域比对过程如下：首先，分析线虫和果蝇数据集时，如果一个核糖核蛋白基因含有三个或大于三个内含子，内含子被分为第一内含子、最后内含子和中间内含子三组，如果一个核糖核蛋白基因含有两个内含子，则第一内含子被分为第一内含子组，第二内含子被认为是最后内含子组；分析酵母数据集时，由于大多数酵母核糖核蛋白基因仅有一个内含子，我们只分析了仅含有一个内含子的基因。其次，以 80bp 为界将内含子分为长、短内含子两类。最后，这五种内含子组与其相应的蛋白质编码序列各自相互比对。

4.2　内含子的最佳匹配频率分布

4.2.1　不同内含子位置的最佳匹配频率分布

对于线虫和果蝇，以第一内含子组、最后内含子组和中间内含子组为测试序列，它们相应蛋白质编码序列为被比对序列，进行局域比对分析。我们得到了内含子相对碱基位点或绝对碱基位点与相对匹配频率的分布，结果见图 4.1。

分析这些分布发现，通常三组内含子在中部非保守区域与编码序列的相对匹配频率显著地高于两端，即 5' 端剪接区域和多嘧啶层—3' 剪接区域的匹配程度非常低。与组分约束随机序列相比，在第一内含子组和中间内含子组中，3' 剪接区域的低匹配区域长度比 5' 剪接区域的长度长；对于最后内含子组，3' 剪接区域的低匹配区域长度比第一内含子组和中间内含子组的短。这表明内含子的 5' 端剪接区域和多嘧啶层—3' 剪接区域没有涉及与其相应编码序列的相互作用，而是主要参与剪接。

三组内含子最佳匹配区域的相对匹配频率分布各不相同（图 4.1）。与组分约束随机序列相比，第一内含子组与编码序列的匹配主要在其内含子 5' 端 $25\%\sim60\%$ 的范围，而中间内含子组匹配的最佳区域比较窄，在 $15\%\sim40\%$ 的区域，最后内含子组则没有明显的最佳匹配区域分布。第一内含子组和中间内含子组的最佳匹配区域的峰值靠近 5' 端，而最后内含子组没有明显偏好。这些最佳匹配区域都以 5' 端下游的第 10 个碱基位点为起始，但对于第一内含子组、中间内含子组和最后内含子组，它们的终止碱基位点分别是 3' 端上游

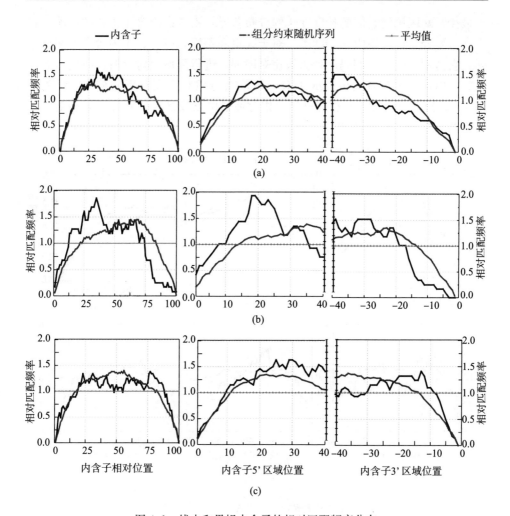

图 4.1　线虫和果蝇内含子的相对匹配频率分布

注：横坐标为内含子的位置，纵坐标为内含子 RF 值。(a) 第一内含子 RF 分布。(b) 中间内含子 RF 分布。(c) 最后内含子 RF 分布。左边的一列图 RF 随内含子相对位置的分布，中间的一列图 RF 随内含子 5' 区域位置的分布，右边的一列图 RF 随内含子 3' 区域位置的分布。$RF=1$ 代表理论相对匹配频率的平均值。

的第 30、20、10 个碱基位点。这些事实表明了第一内含子组、中间内含子组和最后内含子组的最佳匹配频率分布各不相同，暗示了它们有特异组织结构与编码序列相互作用。

4.2.2　长、短内含子的最佳匹配频率分布

一般来说，内含子长度与基因表达效率有关[281-282]。为了进一步分析内含

子最佳匹配区域随它们的长度变化的分布差异，不考虑内含子位置的影响，将内含子划分为长、短内含子两类。对于线虫和果蝇，以长、短内含子为测试序列，它们相应蛋白质编码序列为被比对序列，进行局域比对分析，我们得到了长、短内含子相对碱基位点或绝对碱基位点与相对匹配频率的分布，结果见图 4.2。长、短内含子和相应外显子相对碱基位点或绝对碱基位点与相对匹配频率的分布见附图 C[283-284]。

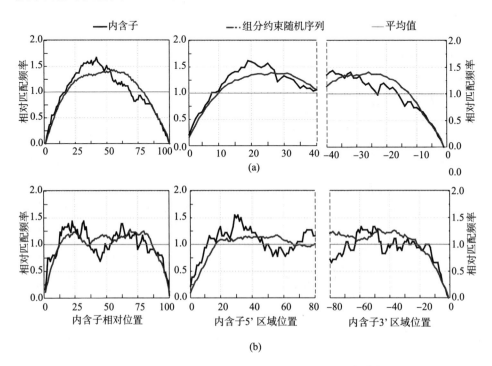

图 4.2　线虫和果蝇长、短内含子的相对匹配频率分布

注：横坐标为内含子的位置，纵坐标为内含子 RF 值。（a）短内含子 RF 分布。（b）长内含子 RF 分布。左边的一列图 RF 随内含子相对位置的分布，中间的一列图 RF 随内含子 5' 区域位置的分布，右边的一列图 RF 随内含子 3' 区域位置的分布。RF ＝1 代表理论相对匹配频率的平均值。

　　有趣的是，短内含子的最佳匹配区域呈单峰分布而长内含子的最佳匹配区域为双峰分布。与组分约束下的随机序列相比，短内含子的最佳匹配区域同前面第一、中间和最后内含子的类似，它与编码序列的匹配主要在其内含子 5' 端 20％～50％的范围，最佳匹配区域绝对位置是以 5' 端下游的第 10 个碱基位点为起始，终止于 3' 端上游的第 30 个碱基位点。

　　对于长内含子，前一个最佳匹配区域出现在内含子 5' 端 15％～35％的范围，它的最佳匹配区域坐落在 5' 端下游的第 10 个碱基位点和第 45 个碱基位点之间，宽度约为 35bp；后一个最佳匹配区域出现在内含子 5' 端 55％～65％ 的范围。与组分约束下的随机序列相比，长内含子的后一个最佳匹配区域不显著，但同平均匹配频率相比，它是显著的。我们认为同长内含子的前一个最佳匹配区域相比，后面最佳匹配区域分布在一个较广的范围内，相对保守性较差，故推断长内含子一定存在多峰现象。

4.2.3　酵母内含子的最佳匹配频率分布

酵母内含子相对碱基位点或绝对碱基位点与相对匹配频率的分布见图 4.3。类似地，与组分约束随机序列相比，酵母内含子中部的非保守区域与编码序列的相对匹配频率显著地高于两端（5' 端和 3' 端的剪接区域）以及同编码序列的禁止匹配。由于酵母的单个内含子基因均为长内含子，它的分布形状由长内含子和不同位置内含子的分布特征融合组成。

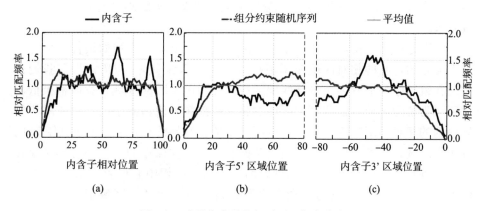

图 4.3　酵母内含子的相对匹配频率分布

注：横坐标为内含子的位置，纵坐标为内含子 RF 值。(a) RF 随内含子相对位置的分布。(b) RF 随内含子 5' 区域位置的分布。(c) RF 随内含子 3' 区域位置的分布。$RF = 1$ 代表理论相对匹配频率的平均值。

综合 4.2.1 节至 4.2.3 节的分析可以得到这样的结论：与组分约束随机序列相比，内含子两端剪接区域与编码序列的匹配程度较低，而中部非保守区域与编码序列有较高的匹配频率；通常短内含子有一个最佳匹配区域而长内含子有多个最佳匹配区域；第一、中间和最后内含子组的最佳匹配区域分布是存在差异的。我们的结果表明了内含子中部非保守区域序列是一类有组织的序列，也揭示了内含子与其编码序列是存在协同进化关联的，长内含子的多峰现象暗示了长内含子可能由多个短内含子的内核构成（将在第八章进一步讨论）。

4.3 编码序列的最佳匹配频率分布

前面两节的分析是从内含子序列的角度，探讨内含子序列上与编码序列或外显子序列的最佳匹配区域分布；反过来，我们将从编码序列的角度来探讨最佳匹配区域在编码序列上的分布情况。

由于线虫和果蝇大多数核糖核蛋白基因含有多个内含子而大部分酵母基因仅含有一个内含子，我们将分两部分来讨论，在这两个数据集里，比对过程是相似的。首先，将整个编码序列作为比对序列，分别与第一内含子、中间内含子和最后内含子进行局域比对，结果见图 4.4。其次，仍将整个编码序列作为比对序列，分别与整体内含子、短内含子和长内含子进行局域比对，结果见图 4.5。最后，将酵母整个编码序列作为比对序列与酵母内含子进行局域比对，结果见图 4.6。用类似的方法，也分析了组分约束随机编码序列的最佳匹配区域分布。

对于这三类生物，与真实序列相比，组分约束随机序列的最佳区域分布是不显著的，它的相对匹配频率值接近于平均匹配频率（$RF=1$）。我们能发现在编码序列上有多个最佳匹配区域和几个极低匹配区域，我们称极低匹配区域为禁配区域。这些禁配区域的相对匹配频率值远低于组分约束随机编码序列的相对匹配频率值和平均匹配频率值。有趣的是，从所有匹配频率的分布可发现，在编码序列上有两个禁配区域是非常保守的，它们分别坐落在编码序列长度的约 10% 和 80% 处，前一个禁配区域中心位置坐落在 5' 端下游的第 50 个碱基位点附近，宽度约为 20bp。后一个禁配区域中心位置坐落在 3' 端上游的第 80 个碱基位点附近，宽度约为 25bp。在编码序列的 5' 端和前一个禁配区域之间有一个非常显著的最佳匹配区域。同样，在编码序列的 3' 端和后一个禁配区域之间也有一个高匹配区域，这两个高匹配区域也是保守的[285]。

在编码序列上的禁配区域一定涉及特殊的生物学功能。我们认为这些禁配区域是一些蛋白因子的特异结合区域。这些蛋白因子可能涉及 mRNA 出核、蛋白质翻译等生命过程，可能有一些蛋白因子与外显子连接复合物（EJC）有关。据报道真核细胞无义介导的 mRNA（NMD）需要 EJC 参与，而 EJC 正好紧挨着外显子连接处，此外，在 mRNA 出核的过程中，Aly 和其他的蛋白因子也需要结合到第一个外显子连接处的上游编码序列上，因此，编码序列上禁配区域正好暗示了它们是蛋白因子的特异结合区域。

我们推测编码序列上最佳匹配区域和禁配区域的存在是间接证明内含子通过与相应编码序列相互作用参与基因表达调控的重要证据之一。内含子结合到

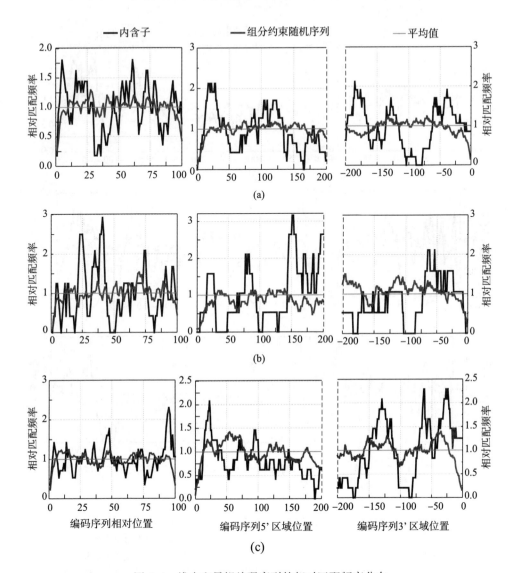

图 4.4　线虫和果蝇编码序列的相对匹配频率分布

注：横坐标为编码序列的位置，纵坐标为编码序列 *RF* 值。（a）编码序列与第一内含子的 *RF* 分布。（b）编码序列与中间内含子 *RF* 分布。（c）编码序列与最后内含子 *RF* 分布。左边的一列图 *RF* 随编码序列相对位置的分布，中间的一列图 *RF* 随编码序列 5' 区域位置的分布，右边的一列图 *RF* 随编码序列3' 区域位置的分布。*RF* ＝1 代表理论相对匹配频率的平均值。

编码序列上有如下优势：第一，内含子重塑 mRNA 的结构来阻止不需要的结合因子与编码序列在最佳匹配区域结合，内含子这种行为有利于 mRNA 的出核。第二，最佳匹配区域的存在会形成内含子与结合因子竞争关系，这有利于

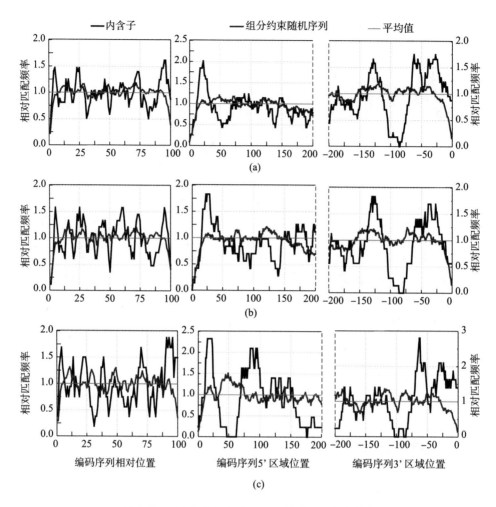

图 4.5　线虫和果蝇编码序列的相对匹配频率分布

注：横坐标为编码序列的位置，纵坐标为编码序列 *RF* 值。（a）编码序列与全部内含子的 *RF* 分布。（b）编码序列与短内含子 *RF* 分布。（c）编码序列与长内含子 *RF* 分布。左边的一列图 *RF* 随编码序列相对位置的分布，中间的一列图 *RF* 随编码序列 5' 区域位置的分布，右边的一列图 *RF* 随编码序列 3' 区域位置的分布。*RF* ＝1 代表理论相对匹配频率的平均值。

调节 mRNA 出核速率。第三，如果内含子协助 mRNA 出核，则在细胞质中必须有内含子存在，现有的研究已在细胞质中发现存在内含子，并指出细胞质中的内含子就像蛋白因子一样能调控 mRNA 的翻译效率。我们认为当 mRNA 被输运到细胞质中，有一些内含子仍保留在编码序列上并通过调整 mRNA 的结构来调节 mRNA 的翻译效率。

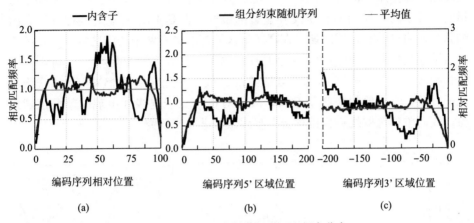

图 4.6　酵母编码序列的相对匹配频率分布

注：横坐标为编码序列的位置，纵坐标为编码序列 RF 值。（a）编码序列与内含子的 RF 分布。（b）编码序列 5' 区域与内含子的 RF 分布。（c）编码序列 3' 区域与内含子的 RF 分布。RF ＝1 代表理论相对匹配频率的平均值。

4.4　外显子连接处的最佳匹配频率分布

断裂基因是大部分真核生物基因的一个基本特征，编码序列上断裂位点的选择不是随机的，所以外显子连接区域的信息特征对真核生物具有重要意义，现有证据已证实这一点。EJC 结合外显子连接处上游 20～24bp 处，并且 EJC 中的蛋白因子 TAP/p15 和核孔复合物（nuclear pore complex，NPC）之间的相互作用有利于 mRNA 的出核。尽管我们的结果显示内含子能和外显子连接区域相互作用，但是我们不清楚外显子连接处的最佳匹配区域分布情况。在本节中，我们将讨论外显子连接区域与相应内含子匹配频率分布。

在酵母、果蝇和线虫核糖核蛋白基因中，外显子连接处上下游各 60bp 的序列被抽取，然后首尾依次连接一条新序列，记为 EE。第一外显子与第二外显子的连接片段记为 EE_1，第二外显子与第三外显子的连接片段记为 EE_2，倒数第二外显子与最后外显子的连接片段记为 EE_3。将外显子连接区域片段作为测试序列，分别与相应内含子进行局域比对，结果见图 4.7。

结果显示外显子连接区域的匹配频率分布随外显子连接序列次序的增加而发生变化（图 4.7a、b、c），表明内含子偏好与编码序列后面的外显子连接区域相互作用。连接区域与相应长内含子的匹配频率几乎是连接区域与相应短内含子匹配频率的三倍（图 4.7d、e），这暗示了长内含子有高的可能性与外显子连接区域相互作用，同时也揭示了长内含子能同时与外显子内部和外显子连接区域相互作用，但是短内含子只能和外显子内部相互作用。EE_1 和 EE_2 与相应内含子的匹配频率分布没有显著的偏好，但是 EE_3 有显著的偏好，它的侧翼存在明显的高匹配区域。在高匹配区域侧翼又有两个禁配区域，前者位于外显子连接处上游 30bp 处，后者位于外显子连接处下游 30bp 处，实际上后一个禁配区域就是编码序列 80％ 处的禁配区域。禁配区域可能与一些结合蛋白因子有关，有重要的生物学意义，故针对在外显子连接处出现的禁配区域现象，我们单独选取线虫核糖核蛋白基因做了进一步研究。

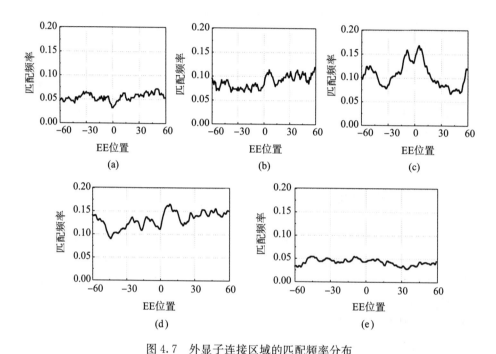

图 4.7　外显子连接区域的匹配频率分布

注：(a) (b) (c) EE_1、EE_2 和 EE_3 与内含子的频率分布。(d) EE 与长内含子的频率分布。(e) EE 与短内含子的频率分布。

以线虫核糖核蛋白基因为样本，在外显子连接处取前后各 50bp，构建长度为 100bp 的外显子连接序列。经分析核糖核蛋白基因边界的影响约为 15bp，所以外显子连接序列仅仅选取 $-35 \sim 35$bp 的最佳匹配片段。总共得到 143 条外显子连接序列。其中第一内含子对应的外显子连接序列共计 78 条，长内含子对应的外显子连接序列共计 82 条，短内含子对应的外显子连接序列共计 61 条，所有内含子对应的外显子连接序列共计 143 条。将内含子分别与相应外显子连接序列比对，得到外显子连接序列上匹配频率的分布。另外，我们构建了随机序列，作为对照组。随机序列构建如下：序列长度和 GC 含量与内含子序列和外显子连接序列保持一致，随机 20 次，F 值为随机过程中的平均值（图 4.8a 中的灰色线）。

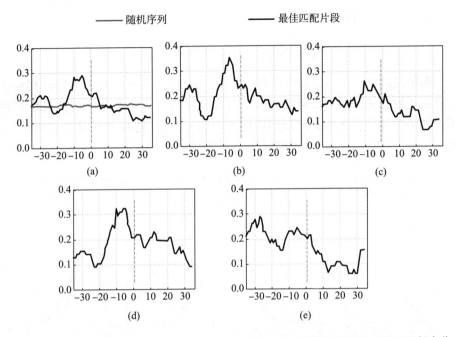

图 4.8 线虫核糖核蛋白基因外显子连接序列与连接处内含子序列局域比对的匹配频率分布

注：横坐标为外显子连接序列在 $-35 \sim 35$bp 的位置，0 点为外显子与外显子连接点，纵坐标为匹配频率 F 值。(a) 所有内含子（143）。(b) 长内含子（82）。(c) 短内含子（61）。(d) 第一内含子（78）。(e) 其他内含子（65）。

我们发现在外显子连接点两侧，匹配频率分布有明显的差别，连接点上游出现的匹配频率峰值明显高于其下游。对比随机序列，分析显示在外显子连接序列上 $-15 \sim 15$bp 匹配频率有显著的差异（$p < 0.000\,1$）。另外匹配频率在外显子连接处上游约 20bp 处出现明显的极小值，根据 EJC 结合一般位于外显子连接处上游 $20 \sim 24$bp 处，所以我们认为这正是 EJC 结合的位置。长内含子的匹配频率在 EJC 位置的分布更显著（图 4.8b），然而短内含子在 EJC 区域的频率分布无太大变化（图 4.8c）。由于内含子在基因中的位置不同，我们将内含子分为第一内含子和其他内含子两类，得到外显子连接序列上匹配频率的分布。发现第一内含子的匹配频率在 EJC 区域出现极小值的现象比其他内含子更明显（图 4.8d、e）。

综合以上的分析，我们可以发现在外显子连接处是一个相对低匹配区域，这似乎暗示内含子与连接区域相互作用时要绕过外显子连接处的碱基位点，同时还能发现禁配区域有固定的位置，暗示外显子连接处的选择或外显子长度不是随机的，而是有特殊的生物学意义[284-285]。

4.5　序列特征分析

4.5.1　内含子最佳匹配片段的序列特征

在研究内含子与相应编码序列的相互作用时，分析最佳匹配片段序列特征具有重要的意义。本节将研究内含子与相应编码序列的最佳匹配片段序列特征，其中配对率定义为：设最佳匹配长度为 m bp，若有 k 个碱基完全配对，则这个最佳匹配片段的配对率为 k/m。结果见图 4.9。

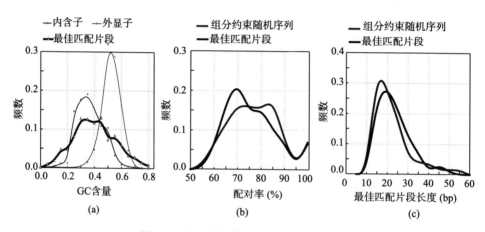

图 4.9　内含子最佳匹配片段的序列特征

注：（a）内含子最佳匹配区域 GC 含量的频数分布。（b）内含子最佳匹配区域配对率的频数分布。
（c）内含子最佳匹配片段长度的频数分布。

内含子与相应编码序列的最佳匹配片段序列的 GC 含量和内含子的 GC 含量，比编码序列的低（图 4.9a）。与组分约束随机序列相比，内含子与相应编码序列的最佳匹配片段序列的配对率在约 70% 处有一个清晰的峰值（图 4.9b）。其最佳匹配片段序列长度分布最可几值约为 20bp，而组分约束随机序列的约为 15bp。这些结果表明了内含子与相应编码序列的最佳匹配片段序列有重要的生物学意义，这类匹配或相互作用是一类弱匹配或相互作用。近年来的研究发现，siRNA 与目标基因以完全互补方式结合，导致了目标基因表达沉默，miRNA 与目标基因以不完全互补方式结合，抑制目标基因的表达，Chrisite 等发现内含子能抑制 RNA 沉默。与 siRNA 和 miRNA 相比，我们认为内含子与相应编码序列的最佳匹配片段序列很可能以低配对率的形式参与基因的表达调控。从这个角度看，极其丰富的内含子在基因表达中具有重要意义。

4.5.2　内含子最佳匹配区域的序列特征

对于线虫和果蝇核糖核蛋白基因，短内含子有一个最佳匹配区域而长内含子有两个最佳匹配区域。在本小节中，将研究内含子与相应编码序列的最佳匹配区域的序列特征。对于短内含子，挑取内含子除了 5' 端的 10bp 和 3' 端的 20 bp 的中部高匹配区域序列，依次连接成一条新序列，记为 SM。对于长内含子，前一个最佳匹配区域序列（5' 端下游的第 10 个碱基位点和第 45 个碱基位点之间序列）被选取，后一个最佳匹配区域序列（3' 端下游的第 -65 个碱基位点和第 -50 个碱基位点之间序列）被挑出，分别依次连接成一条新序列，记为 LF 和 LL。对于外显子，挑取外显子除了 5' 端的 10bp 和 3' 端的 10bp 的中部序列，依次连接成一条新序列，记为 EM。外显子连接处上下游各 60bp 的序列被抽取，然后首尾依次连接成一条新序列，记为 EE。我们用信息熵 D_2 来分析它们的序列特征，结果见表 4.2。

表 4.2　不同序列的 D_2 特征

D_2（SM）	D_2（LF）	D_2（LL）	D_2（EM）	D_2（EE）
0.023	0.030	0.019	0.025	0.026

根据表 4.2，我们发现长内含子的两个最佳匹配区域序列紧邻关联特征明显不同，与编码序列相比，长内含子的 LF 序列 D_2 值最大，LL 序列 D_2 值最小，SM 的 D_2 值与编码序列的相似。以上数据显示长内含子的前一个最佳匹配区域序列有很强的组织结构，甚至超过了编码序列，但是长内含子的后一个最佳匹配区域序列与短内含子的最佳匹配区域序列一样有较弱的组织结构，也是一类特异序列结构。总之，内含子中部非保守区有清晰的内部结构。

4.6　结果与讨论

4.6.1　剪接后内含子在基因表达中可能的功能

我们相信内含子中部序列也有重要的生物学功能。原核生物细胞没有细胞核，原核生物基因没有内含子，而真核生物细胞有细胞核，真核基因有内含子。我们不得不作出这样的假设：内含子与 mRNA 出核紧密相关。尽管没有直接证据来回答这个问题，但是许多试验间接暗示了内含子的缺失和获得能影响剪接后的基因表达。我们认为内含子通过与相应编码序列相互作用参与 mRNA 出核过程，否则大量的内含子滞留在细胞核内，这不符合生命经济原则。最可能的事实是剪接后内含子与其成熟 mRNA 相互作用调节 mRNA 的结构，和其他蛋白因子一起协助 mRNA 出核。若 mRNA 仅靠自身折叠结构穿过核孔是不可想象的，相反，mRNA 应该以较伸展的状态出核。如果 mRNA 伸展状态仅靠核内蛋白质来维持，那么它需求的蛋白质将是非常可观的，至少没有证据支持有如此多的蛋白因子涉及 mRNA 的伸展状态，内含子能通过与相应编码序列的弱相互作用和一些特定的蛋白因子一起调整 mRNA 的空间结构，使之保持较伸展的状态出核。

一个新颖的真核生物出核机制值得我们注意，酵母和人类出核机制差异较大，酵母 mRNA 出核与基因转录偶联，而人类 mRNA 出核与内含子剪接偶联。这两种生物主要差别在于基因中是否包含内含子，但是这两个机制没有涉及内含子的影响。我们能从另一个角度解释这两个机制不同，由于酵母基因缺乏内含子（仅有 5% 基因有内含子）而人类基因有丰富的内含子，酵母不得不使用没有内含子机制来协助 mRNA 的出核，人类出核机制就直接涉及内含子协助 mRNA 出核，这就是这两个机制差异。因此，内含子在真核 mRNA 出核机制中扮演着重要角色。

我们猜测出核后 mRNA 序列和它的结构仍需要内含子的参与。在基因的表达过程中，内含子与其 mRNA 的弱相互作用能有效地阻止 mRNA 被破坏和维持最适结构来调节基因的翻译和延伸速率。据说当 RNA 没有帽子和尾结构保护，很容易被水解。而剪接内含子两端有剪接供体受体区域，我们猜测这两个结构就像 RNA 的帽子、尾结构，能在一定程度上防止水解。如果我们的观念是正确的，那么内含子作为一类 ncRNA 在基因表达中扮演着重要角色。总之，当考虑内含子的功能，mRNA 出核机制、翻译、延伸和其他生物学过程将变得清晰。

4.6.2 蛋白因子结合位点的预测

目前，科学工作者遇到很大的挑战就是预测特异蛋白因子在 mRNA 上结合位点，这是由于在编码序列上没有明显的蛋白因子结合区域。通过我们的理论就有可能很容易实现对特异蛋白因子在 mRNA 上结合位点的预测。基于我们对内含子与其相应编码序列相互作用的理论，分析编码序列中包含大量的最佳匹配区域和禁配区域，这些禁配区域可能就是蛋白因子在编码序列上的结合区域，在长期的进化过程中，蛋白因子和内含子与编码序列的相互作用处于竞争关系，蛋白因子有比内含子更高的可能性结合到编码序列的禁配区域。因此，内含子与其相应编码序列的相互作用能为蛋白因子提供与编码序列结合的合适且有效的位点。在这种情况下，很容易辨别编码序列为蛋白因子提供特异结合位点。

4.6.3　弱相互作用

弱相互作用在生命的代谢过程中扮演着非常重要的角色，它是表观遗传学和生物多样性进化的主要动力之一。RNA 和 RNA 的相互作用能用碱基互补的强度或配对率来反映。siRNA 与目标基因以完全互补方式结合，导致了目标基因表达沉默；miRNA 与目标基因以不完全互补方式结合，抑制目标基因的表达。有意义的是在探讨内含子和编码序列的弱相互作用或弱匹配的过程中，我们的结果显示内含子与相应编码序列的最佳匹配片段序列的配对率在 65%～75%且在约 70%处有一个清晰的峰值，说明这些最佳匹配是以 AT 为主的弱匹配（具体见附图 A 和附表 A）。基于分析结果中最佳匹配片段对的弱匹配，我们认为内含子的最佳匹配区域的功能有别于 siRNA 和 miRNA，不是沉默或抑制基因表达，而是参与 mRNA 出核和翻译。

第五章　线虫外显子和内含子之间的序列匹配偏好与 EJC 结合区域的关系

前期的研究表明，EJC 和内含子在与成熟 mRNA 结合的过程中存在相互竞争和相互协作的关系。因此，通过分析外显子连接序列与连接处内含子的相互作用来探讨 EJC 的结合区域对揭示两者之间的关系具有重要意义[285]。基于这一思路，本章将主要研究线虫（*C. elegans*）全基因组中相邻外显子连接序列与连接处内含子的最佳匹配片段，并分析最佳匹配片段的序列特征对外显子连接处的影响，进而详细探究最佳匹配的分布与 EJC 结合位点的关系。

5.1　数据集

线虫基因组中的全部基因取自：Bioinformatics & Proteomics/Genomics[286]。在外显子连接处前后各取 100bp，构建长度为 200bp 的外显子连接序列库。外显子连接序列长度满足 200bp 的序列共有 60 414 条，其中第一内含子对应的外显子连接序列共计 9 121 条（表 5.1）。选取这一长度的理由是既保证了样本规模，在消除边界效应后又不影响对 EJC 位点的分析。一般认为 EJC 多数位于外显子上游 20bp 附近，因此在−60～60bp 的最佳匹配频率分布能够涵盖 EJC 区域，同时显示了连接处的分布信息。

表 5.1　线虫基因组数据

单位：条

名称	全部基因	核糖核蛋白基因
基因数量（个）	18 594	84
内含子数量（个）	112 812	173
外显子数量（个）	131 406	257
EE 数量（全部）	60 414	143
EE 数量（第一内含子）	9 121	78
EE 数量（长内含子）	32 637	82

5.2　最佳匹配片段的序列特征和结构

5.2.1　最佳匹配片段的序列特征

本节对线虫全基因组中的基因序列和相应的随机序列（3 次）进行相同的比对分析，得到外显子连接序列与相应内含子作用的匹配频率分布。从图 5.1a 中可发现，连接点两侧匹配频率分布有明显的差异，显示出了外显子的边界效应，同时，分析真实序列集和随机序列集，可知 F 值在 $-15\sim15\text{bp}$ 显著差异（$p<0.009\,2$），在连接点上游的 F 值要高于其下游。

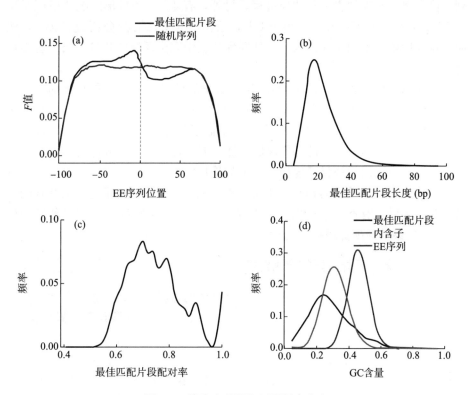

图 5.1　线虫全基因组匹配频率分布

注：（a）线虫全基因组外显子连接序列和它们之间的内含子序列局域比对的匹配频率分布。x 轴表示外显子连接序列的位置，0 点表示外显子连接点，y 轴表示 F 值。灰色线表示随机情况。（b）最佳匹配片段长度分布。（c）最佳匹配片段配对率分布。（d）最佳匹配片段、内含子序列和外显子连接序列的 GC 含量分布。

我们将重点考虑最佳匹配片段中的 3 个参数特征：最佳匹配长度、片段的配对率和片段的 GC 含量。

基于所有最佳匹配片段，得到最佳匹配片段长度分布，长度分布形状与麦克斯韦分布类似，最佳匹配长度的平均值是 20.7bp，最可几长度约 19bp，大于 50bp 的匹配片段很少出现（图 5.1b）。从最佳匹配片段配对率的分布来看（图 5.1c），配对率主要分布在 55%～85%，少部分最佳匹配片段的配对率为 100%，但它们的长度均小于 18bp。我们知道，siRNA 的长度在 21～25bp，是完全匹配的[286]，miRNA 的长度在 18～25bp，配对率在 65%～95%[287]，它们都具有重要的生物学功能[288]。有趣的是，我们得到的最佳匹配片段无论长度还是配对率均与这两类功能片段一致，表明内含子与编码序列之间存在相互作用的重要性是值得关注的。所以最佳匹配片段应该是一类执行功能的序列，同样参与基因的表达和调控过程。另外，有 4.3% 的最佳匹配片段配对率是 100%，但是它们的长度却小于 16bp，虽然 siRNA 的配对率也为 100%，然而根据长度范围不同，我们认为最佳匹配片段中完全匹配的片段不属于这类功能片段。

分析 RNA 的序列特征时，GC 含量是非常重要的参数。我们分别给出了最佳匹配序列、内含子和外显子连接序列的 GC 含量分布（图 5.1d）。我们发现最佳匹配片段的 GC 含量分布广泛，涵盖了外显子和内含子的 GC 含量分布。但多数最佳匹配片段的 GC 含量很低，部分片段的 GC 含量比内含子还要低，表明线虫基因中外显子连接序列上的最佳匹配多数发生在低 GC 区域，进而说明内含子与外显子的相互作用是一种弱相互作用，形成了不完全互补的双链结构。另外，有些高 GC 的片段是值得关注的，我们认为高 GC 含量和低 GC 含量的最佳匹配片段执行的功能是不一样的。

5.2.2 最佳匹配片段的序列结构

我们用新对称相对熵参数来刻画两类序列的差异或距离。p 集合和 q 集合通过两类序列的 4 个单核苷酸、16 个双核苷酸和 64 个三核苷酸的概率构建。基因中 84 个核苷酸，4 类序列的 6 个距离值在表 5.2 中被显示。其中，E 表示外显子连接序列，I 表示内含子序列，EO 表示外显子连接序列上的最佳匹配片段，IO 表示内含子序列上的最佳匹配片段。我们分析最佳匹配片段的序列结构基因的这些距离。值得关注的是 I-I 和 E-E 的 NSRE 值是通过做 20 次随机求平均值得到的。

表 5.2 不同序列的距离

	I-E	I-I	I-IO	E-E	E-EO	EO-IO
NSRE 值	0.138 6	0.000 3	0.031 4	0.001 7	0.052 9	0.083 1

I-E 的序列差异最大，I-I 和 E-E 的序列差异非常小，这符合序列的基本属

性。作为对照，我们发现 I-IO 和 E-EO 的距离明显大于 I-I 和 E-E 的距离。该结果暗示在内含子和外显子连接序列上的最佳匹配片段序列特征不同于内含子和外显子连接序列。对比外显子连接序列、内含子和最佳匹配片段上的 GC 含量分布，我们发现最佳匹配片段的序列组成介于编码序列和内含子序列之间。EO-IO 的距离小于 I-E 的距离，表明两类最佳匹配片段序列组成是相似的，换句话说，编码序列与内含子序列之间有些特殊区域，内含子上的特殊区域与编码序列有很高的同源性，同样，在编码序列上的特殊区域与内含子有高相似性。这个结论与我们知道的实验结果是一致的，真核生物的一部分内含子很可能源于蛋白质编码序列。我们的结果显示内含子序列与编码序列存在协同进化的关系，同时，距离分析为相互作用机制提供了新的证据。

5.3　最佳匹配区域对外显子连接序列 F 值的影响

5.3.1　最佳匹配区域的 GC 含量对外显子连接序列 F 值的影响

对线虫核糖核蛋白基因序列的分析表明，第一内含子和长内含子具有潜在的重要功能[287-288]。因此在局域比对分析中取出线虫全基因组中既是长内含子又是第一内含子的序列，将它们与相应的第一外显子和第二外显子构成的连接序列进行局域比对分析，然后从上述最佳匹配序列中选取大于线虫平均最佳匹配长度（约 21bp）的最佳匹配片段。再按照最佳匹配片段 GC 含量的分布（图 5.1d）将外显子连接序列的最佳匹配片段分成三组：GC 含量小于 0.3（421）、在 0.31~0.50（2155）和大于 0.50（105）。得到最佳匹配片段在外显子连接序列上的匹配频率 F 值的分布，见图 5.2 中黑色分布曲线。

作为对照，基于长的第一内含子序列的长度和 GC 含量，构造一组随机序列，然后与实际的外显子连接序列进行比对，选出最佳匹配片段大于 21bp 的外显子连接序列，仍按照 GC 含量分为三组，其匹配频率分布见图 5.2 中灰色分布曲线。

如果不按照 GC 含量区分，第一长内含子作用在外显子连接序列上匹配频率的分布可明显地将外显子连接处区分开来（图 5.2a）。如果与组分约束下的随机序列对比（灰色曲线），这一效果更加明显。按照 GC 含量分组后，在连接点两侧 F 值的分布差异仍然显著（图 5.2b、c、d）。匹配频率 F 值在连接点上游高于连接点下游，而随机序列则没有这一差别。但是，在 EJC 区域并未显示出分布的极小值。

上述结果表明，内含子与外显子连接序列的相互作用对外显子的边界是敏感的。对第一长内含子而言，它们与外显子 5' 端的作用强度高于 3' 端。GC含量高于 0.5 的最佳匹配片段在 −20bp 处的极小值是有意避开 EJC 区域。

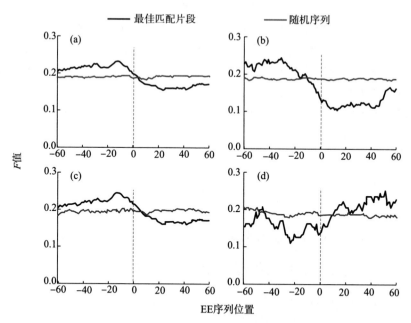

图 5.2　线虫全基因组外显子连接序列与连接处长的第一内含子序列局域比对，
得到的最佳匹配片段按照 GC 含量分组的匹配频率 F 值的分布

注：横坐标为外显子连接序列在 −60~60bp 的位置。(a) 整个 GC 含量区域 (2200) 的外显子连接序列匹配频率分布。(b) GC 含量小于 0.3 (685) 的外显子连接序列匹配频率分布。(c) GC 含量在 0.31~0.50 (1404) 的外显子连接序列匹配频率分布。(d) GC 含量大于 0.50 (111) 的外显子连接序列匹配频率分布。黑色代表最佳匹配片段大于 21bp 的样本序列；灰色代表长的第一内含子序列在长度和 GC 组分共同约束下构造的随机序列与相应外显子连接序列比对，得到最佳匹配片段大于 21bp 的外显子连接序列。

5.3.2　最佳匹配区域 CG 二核苷酸对外显子连接序列 F 值的影响

研究表明，富含 CG 二核苷的 DNA 片段在基因的表达和调控过程中具有重要的作用，不仅可形成 CpG 岛，而且与核小体定位紧密相关[289]。这里将讨论最佳匹配片段中 CG 二核苷的含量对内含子与外显子编码序列之间相互作用的影响，探讨最佳匹配片段中这一参数特性在外显子连接处和 EJC 区域的分布偏好。

仍以长的第一内含子和它们对应的外显子连接序列为分析样本，将最佳匹配片段按照 CG 二核苷的含量分为 CG_0、CG_1、CG_2 和 $CG_{>2}$ 四类模体，CG_0 表示最佳匹配片段中不包含 CG 二核苷，CG_1 表示有 1 个 CG 二核苷，CG_2 表示有 2 个 CG 二核苷，$CG_{>2}$ 表示最佳匹配片段中 CG 二核苷数大于 2。这四类模体中仅取大于 21bp 的最佳匹配片段，得到了它们在外显子连接序列上的匹

配频率 F 值的分布（CG_0 1041，CG_1 957，CG_2 454，CG_3 229）。同理，得到按照 GC 二核苷含量分类的四类最佳匹配片段和 F 值分布，见图 5.3 中灰色曲线。发现，除了 $CG_{>2}$ 的分布外，CG 分类和 GC 分类的分布均能够区分外显子连接点，连接点上游的 F 值要高于其下游，而且 CG 与 GC 的 F 值分布非常相近。对于 $CG_{>2}$ 的最佳匹配片段，外显子连接点下游的 F 值明显高于上游的非 EJC 区域（$-75\sim-40$bp），与前三类的分布正好相反。在 EJC 结合区域 -24bp 附近出现明显的极小值分布（图 5.3d），而且这一分布形状好于上节按照 GC 含量的分布。对于 $GC_{>2}$ 的最佳匹配片段，在 EJC 区域并未显示出明显的极小值分布，而且在连接点附近也没有明显的分布差异。

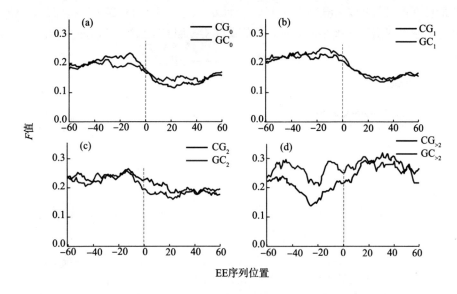

图 5.3　线虫全基因组外显子连接序列与连接处长的第一内含子序列局域比对，
得到的最佳匹配片段按照 CG 二核苷含量分组的匹配频率 F 值分布

注：（a）最佳匹配片段中不包含 CG 二核苷（$CG_0$877）的外显子连接序列匹配频率分布。（b）有 1 个 CG 二核苷（$CG_1$751）的外显子连接序列匹配频率分布。（c）有 2 个 CG 二核苷（$CG_2$376）的外显子连接序列匹配频率分布。（d）CG 二核苷数大于 2（$CG_{>2}$196）的外显子连接序列匹配频率分布。在每张图的右上角显示，黑色代表最佳匹配片段按照 CG 二核苷含量分组的外显子连接序列，灰色代表最佳匹配片段按照 GC 二核苷含量分组的外显子连接序列。

虽然按照 GC 含量对最佳匹配片段分类，在 GC 含量大于 0.5 时，F 值在 EJC 区域出现极小值分布，但是按照 CG 和 GC 二核苷分类后，高 CG 二核苷（≥3 个）的 F 值在 EJC 处有极小值分布而高 GC 二核苷（≥3 个）的则没有，说明在最佳匹配片段中是否含有高含量的 CG 二核苷是区分 EJC 区域的关键，正是高 CG 二核苷的最佳匹配片段有意避开 EJC 区域，或者说 EJC 区域的序列缺乏 CG 二核苷成分。这为我们预测 EJC 序列提供了很好的信息。

5.3.3 最佳匹配区域参数 λ_{CG} 对外显子连接序列 F 值的影响

按照 CG 二核苷丰度识别 EJC 效果很好，但忽略了最佳匹配片段的其他特征的影响。为此我们引入参数 $\lambda_{CG} = N_{CG} / (N_A + N_T + 1)$，$N_{CG}$ 表示最佳匹配片段中 CG 二核苷数目，N_A 表示最佳匹配片段碱基 A 的总数，N_T 表示最佳匹配片段碱基 T 的总数。此参数既突出了 CG 二核苷的主要作用，又在一定程度上考虑了其他碱基的影响。按照最佳匹配片段长度大于 21bp 且 λ_{CG} 值等于 0.15（2624∶57）的标准将最佳匹配片段划分为两组（图 5.4），发现绝大多数最佳匹配片段的 λ_{CG} 值小于 0.15，然而 λ_{CG} 大于 0.15 的外显子连接序列在 EJC 结合区域出现明显的极小值分布，其效果好于按照 CG 二核苷区分的结果。

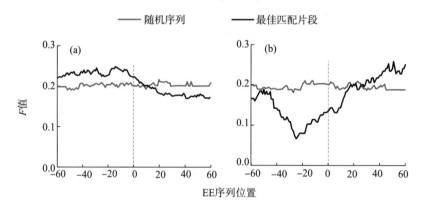

图 5.4　线虫全基因组外显子连接序列与连接处长的第一内含子序列局域比对，得到的最佳匹配片段按照 λ_{CG} 大小分组的匹配频率 F 值分布

注：横坐标为外显子连接序列在 $-60\sim60$ bp 的位置。（a）最佳匹配片段中 $\lambda_{CG} > 0.15$（142）的外显子连接序列匹配频率分布。（b）最佳匹配片段 $0 < \lambda_{CG} < 0.15$（1181）的外显子连接序列匹配频率分布。

5.4　对比所有内含子

我们同样基于高 GC 含量、富含 CG 二核苷和高 λ_{CG} 值，得到线虫基因所有内含子的 F 值分布。采用同上方法，所有最佳匹配片段长度大于 21bp，第一内含子和长内含子，在 EJC 结合区域（即 $-30\sim5$ bp）F 值小于其他区域，但我们发现所有内含子在该区域没有出现明显的极小值分布（图 5.5）。这表明，短内含子和其他位置内含子对应的外显子连接序列上 EJC 结合情况是复杂的。

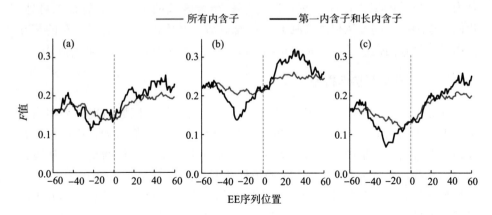

图 5.5　外显子连接序列上的 F 值分布

注：(a) GC 含量大于 0.5 的 F 值分布。(b) CG 二核苷大于 2 的 F 值分布。(c) λ_{CG} 大于 0.5 的 F 值分布。

5.5　结果与讨论

在探讨基因表达调控机理和调控过程中不考虑内含子的作用是不完善的。在细胞核内，内含子作为一类富含的 RNA 片段，不参与转录共表达，不参与 mRNA 的输运是令人难以理解的。仅将内含子的剪接和可变剪接看成内含子的主要作用，就无法理解内含子序列进化多样性的意义，如内含子序列组成、长度差异、mRNA 中内含子的数目、外显子形成的边界约束等一系列问题。我们认为，内含子作为一类富含的 RNA 片段，在基因表达的整个过程中都起着非常重要的作用。

5.5.1　EJC 结合区域

对线虫核糖核蛋白基因进行分析，发现在外显子上游的 EJC 区域出现匹配频率极小值分布。尤其是对于长内含子和第一内含子，这一现象更加明显。而对于所有的编码基因在 EJC 结合区域没有显示出极小值分布，是因为核糖核蛋白基因是一类高表达基因。我们的结果暗示高表达基因中内含子与 EJC 结合区域相互作用强于低表达基因。

当我们仅考虑长的第一内含子中长度大于 21bp 最佳匹配片段，发现高 GC 含量、富含 CG 二核苷和高 λ_{CG} 值这三种情况下，在 EJC 结合区域均出现 F 的极小值分布。从分布形状来看，λ_{CG}（大于 0.15）分类效果好于其他参数分类。这说明在 EJC 区域是禁忌的序列特征不是 G＋C 的富含，而是以 CG 二核苷为核心片段的聚集，这应该是识别 EJC 结合区域的一个重要特征。另外，我们知道用通用的方法很难预测 EJC 结合区域。基因内含子和 mRNA 的相互作用可能为我们提供了一个有效预测 EJC 结合区域和其他蛋白区域的方法。

5.5.2 竞争和协作机制

部分最佳匹配片段在外显子序列上显示出 EJC 结合区域的现象表明内含子、编码序列和 EJC 结合蛋白之间存在紧密的关系。我们认为，EJC 是否在外显子上游结合，是内含子和 EJC 在编码序列上竞争和协作的结果。从我们的结果来看，内含子上低 GC 含量的最佳匹配片段与 EJC 是竞争关系，高 CG 二核苷含量的最佳匹配片段与 EJC 之间是协作关系，这些片段有意避开 EJC 区域。外显子连接复合体能否结合到外显子上取决于在细胞环境下与内含子的竞争优势。

我们发现，核糖核蛋白基因序列的最佳匹配片段分布在 EJC 区域有明显的偏好，但并不是所有核糖核蛋白基因，而对于全基因组，最佳匹配片段仅仅在参数高 λ_{CG} 值的限制下，在 EJC 区域才有明显偏好，因为核糖核蛋白基因是高表达基因，结果表明高表达基因上的内含子序列比低表达基因上的内含子序列参与协作的数量更多；当最佳匹配片段的富含高 λ_{CG} 值时，内含子序列与 EJC 表现为协作关系。我们认为，内含子与结合蛋白和 mRNA 序列形成一个网络关系，共同完成对基因表达的调控。

第六章 线虫全基因组内含子与其
相应编码序列的相互作用

以秀丽隐杆线虫全基因组蛋白质编码基因序列为研究对象，用序列的碱基匹配程度来表征内含子序列与其 mRNA 序列之间的相互作用，采用 Smith-Waterman 局域相似性比对方法获得内含子序列与其相应 mRNA 序列之间的最佳匹配片段，统计分析 mRNA 序列上相对匹配频率分布及最佳匹配片段的序列特征。

6.1 数据集

秀丽隐杆线虫基因组及其注释信息从 Genbank 的北京镜像网（ftp://ftp.cbi.pku.edu.cn/pub/database/genomes）下载。本章数据集选取秀丽隐杆线虫全基因组的蛋白编码基因作为研究材料。在这个数据集中，第一，剔除内含子序列中包含 ncRNA 和/或重复序列等已知功能元件的蛋白编码基因；第二，包含 40bp 以下内含子序列的蛋白编码基因也被排除，由于内含子序列的 5' 剪接区域（约 8bp）和包含富含嘧啶层的 3' 剪接区域（约 30bp）是功能保守的区域，导致 40bp 以下的内含子序列除剪接外不应该具有其他的生物学功能（Petrov，2002）；第三，剔除具有可变剪接功能的蛋白编码基因。最后，我们的数据集共包含 5 736 个基因和 24 312 个内含子。

6.2 成熟 mRNA 序列上相对匹配频率的分布

根据第二章给出的分析过程，分别得到标准化的 mRNA 序列、CC-random 和 CCR-random 上对应的匹配频率分布，结果见图 6.1。

上述现象表明内含子序列与相应 mRNA 序列的相互作用存在明显的区域偏好，强的相互作用主要发生在 5' 端和 3' 端区域，尤其是 3' 端区域表现了很强的相互作用关系。mRNA 序列上的两个强偏好区域主要位于 UTR 区域，中部相对较低的匹配主要位于 CDS 区域。由于在 RF 的定义中以 $<F>$ 为参考点，而 $<F>$ 是对整个 mRNA 的平均，就造成了 RF 在 CDS 区域较低的现象。若仅以 CDS 的 $<F>$ 为参考点，RF 在 CDS 上的分布仍显示出了明显的规律性[277]。

而在 CC-random 对照序列上，匹配频率分布并没有显示出偏好性，它的 RF 值仅围绕理论平均值周围波动。与 CC-random 组相比，mRNA 序列上匹

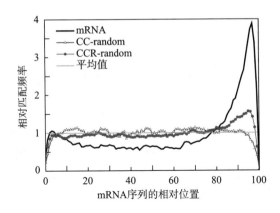

图 6.1　线虫基因 mRNA 的相对匹配频率分布

注：横坐标为 mRNA 序列的相对位置，纵坐标为相对匹配频率。图例中 mRNA 表示实际 mRNA 与其自身的实际内含子之间的比对结果，CC-random 表示在组分约束下的随机 mRNA 与其对应的组分约束下的随机内含子之间的比对结果，CCR-random 表示在组分约束下分段随机的 mRNA 序列与其对应的组分约束下的随机内含子之间的比对结果。RF＝1 代表理论相对匹配频率的平均值。

配频率（RF）在 UTR 区域的明显偏好，反映了内含子序列与相应 mRNA 序列相互作用的本质规律。差异性检验表明，在 mRNA 序列 3' 端的匹配强度具有极显著性（t 检验，$p < 0.00001$）。

在分段随机的 CCR-random 序列上，相对匹配频率的偏好分布在 5'UTR 和 CDS 区域没有偏好出现，基本接近理论平均值。但在 3'UTR 出现偏好分布，与实际 mRNA 序列类似，但偏好强度明显低于实际序列。mRNA 序列与 CCR-random 序列相比，在 3'UTR 区域，匹配频率具有极显著性（t 检验，$p < 0.0009$）。

为了仔细分析匹配频率在 mRNA 不同位置上的分布特性，将分析翻译起始位点、翻译终止位点和外显子与外显子连接位点周围区域的匹配频率分布特征，分析长内含子和短内含子对各个功能区域匹配频率的影响。

6.3　功能位点区域上相对匹配频率的分布

翻译起始区、翻译终止区和外显子—外显子连接区是 mRNA 用于调控基因翻译的重要功能区域，这些功能区域的序列构成对真核生物蛋白质编码基因的准确表达具有重要意义。我们选取翻译起始位点（AUG）、翻译终止位点（UAA）和外显子—外显子连接位点（EE）的±60bp 区域，分别记为 AUG 区域、UAA 区域和 EE 区域，分析这些功能位点附近区域的相对匹配频率分布。Castillo-Davis 等研究表明内含子长度与基因高效表达具有紧密关联。Halligan 和 Keightley 等研究表明，长内含子（大于 80bp）和短内含子（小于或等于 80bp）分歧分布具有显著差异。因此，我们区分短内含子和长内含子是以 80bp 作为评判阈值。我们将对比分析整体内含子、长内含子和短内含子与 mRNA 相互作用在功能位点附近的差异特点。在获得 mRNA 序列上的最佳匹配片段后，不进行长度标准化，而分别以各个功能位点为坐标原点，给出相应区域上匹配率的分布。

6.3.1　AUG 区域和 UAA 区域的匹配频率分布

　　研究翻译起始区域和翻译终止区域的相对匹配频率分布能够进一步验证 mRNA 序列两端匹配偏好区域是否位于 UTR 区域。为了避免比对时的边界效应，我们剔除掉了 5'UTR 长度小于 50bp 和 3'UTR 长度小于 80bp 的 mRNA 序列。获得 5 277 个内含子最佳匹配片段位于 UTRs 区域，以翻译起始密码子和翻译终止密码子的第一个碱基为坐标原点，分析其在 mRNA 序列翻译起始区域和翻译终止区域的匹配频率分布特征（图 6.2）。

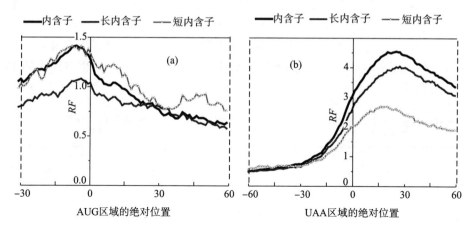

图 6.2　线虫基因的翻译起始位点（AUG）和翻译终止位点（UAA）区域的相对匹配频率分布
　　注：横坐标为区域的绝对位置，纵坐标为相对匹配频率 RF。图中还给出了与长内含子和短内含子相关的比对结果。

　　如图 6.2a 所示，在 AUG 区域，它的 −30～10bp 区域的相对匹配频率大于 1，且在 AUG 位点上游 −15～1bp 存在一个明显偏好匹配区域（$RF >$ 1.25）。而且还发现，在 AUG 区域，短内含子的偏好明显强于长内含子，表明短内含子与 AUG 区域的相互作用要强于长内含子。

　　在 UAA 区域，相对匹配频率分布比 AUG 区域更加显著，如图 6.2b 所示。从 UAA 位点的 −15bp 开始，相对匹配频率迅速升高，到 20bp 达到极大值。从 UAA 位点开始到其下游约 60bp 这一段，相对匹配频率值均高于理论平均值的 3 倍，在 UAA 位点下游 15～40bp 的区域，相对匹配频率均高于理论平均值的 4 倍。同样还发现，在 UAA 区域，长内含子的相对匹配频率明显高于短内含子，表明长内含子与 UAA 区域的相互作用明显要强于短内含子，此现象正好与 AUG 区域的情况相反。

总之，这些结果表明，mRNA 序列两端匹配偏好区域是位于 UTR 区域，内含子与 mRNA 的 UTR 存在积极的潜在相互作用偏好，尤其是与 3'UTR 的潜在相互作用偏好更显著。

6.3.2　EE 区域的匹配频率分布

真核生物外显子—外显子（EE）连接区域具有重要意义，这是由于 EE 区域就是通过剪接或可变剪接连接而成的。在高等真核生物体的基因表达过程中，剪接偶联于转录，我们认为内含子在转录共剪接过程中具有重要的作用。我们将分析 EE 区域上相对匹配频率的分布。EE 区域被分为三组：第一外显子连接区域，由第一外显子和第二外显子各取 30bp 组成的连接区域组成；最后外显子连接区域，由倒数第二个外显子和最后一个外显子各取 30bp 组成的连接区域组成；中间外显子连接区域，它是除了第一和最后外显子之外，由其他相邻外显子各取 30bp 组成的连接区域组成。三组 EE 区域上相对匹配频率分布见图 6.3。

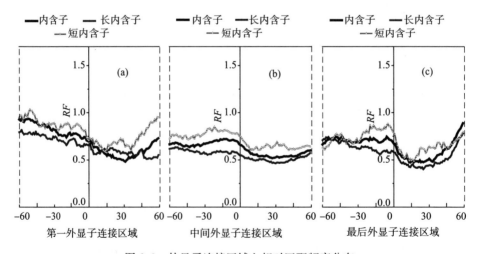

图 6.3　外显子连接区域上相对匹配频率分布

注：（a）第一外显子连接区域。（b）中间外显子连接区域。（c）最后外显子连接区域。其是长内含子和短内含子比对得到的相对匹配频率分布。

分析比较三组外显子—外显子连接区域的相对匹配频率分布，相对匹配频率分布有一个普遍的特征，即连接位点上游的相对匹配频率要高于其下游区域，连接点是相对匹配频率分布的拐点。相对匹配频率值在第一外显子和第二外显子上差异最大，在最后外显子和倒数第二外显子之间差异最小。中间外显子和第一外显子在连接点下游其相对匹配频率有一个极小值分布，极小值位于下游约 30bp 处。结果表明在外显子—外显子连接区域，相对匹配频率分布是有特定规律的。根据前期研究结果指出，在与 mRNA 结合时，内含子与结合蛋白之间存在一种竞争和协作机制[287-288]。相对匹配频率越强的区域，越有利于内含子结合，不利于结合蛋白的结合；而相对匹配频率弱分布区域，有利于结合蛋白的结合。我们推测连接点下游存在的极小值分布或非偏好分布（RF=0.5）正是潜在的结合蛋白的结合区域。将内含子分成长内含子和短内含子后，发现在三个 EE 区域，短内含子的相对匹配频率均高于长内含子。

上述结果表明，在 mRNA 序列上，与内含子相互作用的相对匹配频率分布显示出特定的规律性。内含子与 UTR 区域的相互作用强度明显高于 CDS 区域。在三类功能位点区域，内含子偏好与外显子—外显子连接位点上游区域的相互作用。不同的 EE 区域，相对匹配频率的分布存在差异。在 5'UTR 和 CDS 内的功能位点区域，短内含子的相互作用更加显著，而在 3'UTR 区域，长内含子的相互作用更加显著。这些分布特征表明基因序列是一个整体，其内部不同类型的序列之间存在紧密的内在联系，内含子序列、CDS 和 UTR 序列存在协同进化关系，不同单元之间组成了一套严密的调控网络，共同完成编码基因的表达调控全过程。内含子序列作为编码基因中的结构单元之一，在这套表达调控网络之中承担了重要的作用。

6.4　最佳匹配片段的序列特征

最佳匹配片段是内含子序列和相应 mRNA 序列之间最显著的相互作用区域，那么这些区域对应的序列应该具有独特的序列结构特征。为此，我们收集了所有的最佳匹配片段（OMS），分析最佳匹配片段的配对率、长度分布、G+C含量和碱基关联（D_2 值）等序列特征。

6.4.1　配对率和长度分布

统计得到了内含子序列最佳匹配片段的配对率，其分布如图 6.4a 所示。可以看出，配对率值主要分布在 50%～100%，绝大多数最佳匹配片段的配对率集中在 60%～75%。最佳匹配片段的长度分布如图 6.4b 所示。最佳匹配片段的长度主要分布在 10～50bp 的区域，其最可几的长度约为 23bp。

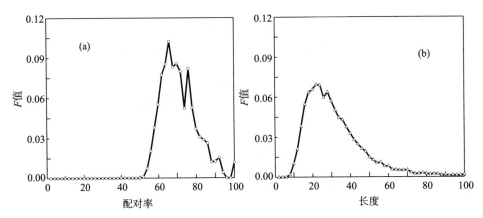

图 6.4　最佳匹配片段的配对率（a）和长度（b）分布

从这两项序列特征可以看出，最佳匹配片段为不完全匹配，平均配对率约为 71%。这表明 mRNA 与其相应内含子的相互作用是一类较弱的 RNA-RNA 相互作用。我们知道，siRNA 是一类特殊的 RNA 片段，其序列长度在 21～23bp，长度非常保守，siRNA 与靶基因序列的配对率是 100%。它通过与靶基因序列的完全匹配来实现沉默目标基因的表达。还有一类功能 RNA 片段是 miRNA，其序列长度为 18～25bp，它是通过与靶基因高度匹配但不完全匹配来实现对靶基因表达的抑制。相较于 siRNA 和 miRNA 这两类功能片段，mRNA 与其相应内含子之间相互作用的最佳匹配片段与 miRNA 较为类似，但配对率的变化范围更宽（50%～100%），片段长度的变化更加广泛（主要在 10～50bp），它们属于第三类功能 RNA 片段。我们认为，这类 RNA 片段的主要生物功能是调节基因的表达，在编码基因从转录、输运到翻译过程中发挥作用。尽管在最佳匹配片段中有极少量的全匹配片段存在，但它们的长度均小于 14bp，不是 siRNA，不具备沉默基因的功能。在 mRNA 与其相应内含子的相互作用设计上，有意避开了 siRNA 类型的最佳匹配片段，体现了编码基因内部各个结构单元之间的一种协同进化选择。

6.4.2　G+C 含量和 D_2 值

为了考察最佳匹配片段的序列结构，分别计算了 mRNA 序列中最佳匹配片段、CDS、5'UTR 序列和 3'UTR 序列的 G+C 含量（图 6.5）。结果显示最佳匹配片段 G+C 含量分布的范围很广（0.05～0.6），最可几值为 0.2 左右。与 mRNA 序列的 G+C 含量相比，多数最佳匹配片段的 G+C 含量均低于 CDS、5'UTR 序列和 3'UTR 序列，但也有一些最佳匹配片段的 G+C 含量较高（0.35～0.6），处在 CDS、5'UTR 序列和 3'UTR 序列 G+C 含量分布之间。这表明，在内含子序列和 mRNA 序列上，存在一些 G＋C 含量很低的区域，这些区域正是两者之间的相互作用信号区域。根据图 6.5 中四类序列 G＋C 含量的分布特点，我们猜测，较低 G＋C 含量的最佳匹配片段作用在 3'UTR区域的可能性较大，而较高 G＋C 含量的最佳匹配片段作用在 CDS 和 5'UTR区域的可能性较大，这一问题是值得深入研究的。

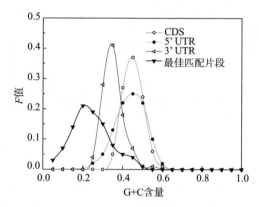

图 6.5　最佳匹配片段、CDS、5'UTR 序列和 3'UTR 序列的 G＋C 含量分布

我们又计算了内含子上最佳匹配片段、CDS、5'UTR 和 3'UTR 的二阶信息冗余（D_2值），结果见表 6.1。D_2值反映了相邻碱基之间的关联性或序列的序结构特征。可以发现，最佳匹配片段的 D_2 值几乎是 mRNA 中其他类序列D_2值的 2 倍，作用在 UTR 区域的最佳匹配片段的 D_2 值又是全部最佳匹配片段 D_2 值的 1.23 倍。这表明最佳匹配片段具有较特殊的序列结构，相邻碱基之间的关联更强或序列的结构序更强。

表 6.1　线虫编码基因中不同序列的 D_2 值

指标	mRNA			内含子	
	CDS	5'UTR	3'UTR	OMS	OMS（作用在 UTR 区域）
D_2	0.029	0.032	0.036	0.066	0.081

注：OMS 表示内含子的最佳匹配片段。

6.5　其他内含子序列与成熟 mRNA 序列的匹配频率分布

我们分析了内含子序列与相应 mRNA 序列的匹配关联特征。在序列的进化过程中存在一个基本特征：序列之间的短程相互作用占主导地位，但长程相互作用也不可忽视。因此，本节主要研究成熟 mRNA 序列和其他内含子（O-mRNA）序列的潜在相互作用关联。以 mRNA 序列为测试序列，随机挑选一组其他 mRNA 的内含子为比对序列，利用改进后 Smith-Waterman 局域比对方法对其进行匹配性比对，获得其他内含子序列与 mRNA 序列的最佳匹配片段；刻画其在 mRNA 序列上的匹配频率分布（图 6.6）。

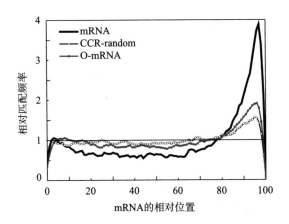

图 6.6　线虫基因 mRNA 的相对匹配频率分布

注：图例中 O-mRNA 表示 mRNA 与其他编码基因中的内含子之间的比对结果，mRNA 表示 mRNA 与自己的内含子之间的比对结果，CCR-random 表示在组分约束下分段随机的 mRNA 序列与其对应的组分约束下的随机内含子之间的比对结果。$RF=1$ 代表理论相对匹配频率的平均值。

结果表明，O-mRNA 的相对匹配频率分布与 mRNA 序列上的相对匹配频率分布相似，在 5'UTR 和 3'UTR 区域也显示出偏好性。尤其在 3'UTR 区域，O-mRNA 的相对匹配频率明显弱于 mRNA 序列，具有极显著性（t 检验，$p <$ 0.008）。与 CC-random 序列相比，O-mRNA 序列上也存在两个偏好区域，分布差异仍比较明显。与 CCR-random 序列相比，匹配频率分布差异不显著（t 检验，$p=0.179$）。这些结果表明，mRNA 与相应内含子的相互作用是占主导地位，同时 mRNA 与其他内含子的相互作用也存在[290]。

6.6　结论

以模式生物秀丽隐杆线虫基因组中全部蛋白编码基因为分析样本，用局域序列碱基匹配方法（SW 方法）来表征成熟 mRNA 和内含子之间的相互作用，获得成熟 mRNA 与内含子之间的最佳匹配片段和 mRNA 序列上及功能位点附近相对匹配频率的分布。结果表明在 mRNA 序列上相对匹配频率（RF）分布具有明显的偏好性，在 mRNA 序列的两端 UTR 区域各呈现一个偏好区域，且在其 3'UTR 区域的偏好具有极显著性，短内含子偏好与 5'UTR 区域相互作用，长内含子偏好与 3'UTR 区域相互作用。内含子与三个外显子—外显子连接区域的潜在相互作用偏好不尽相同，内含子与外显子—外显子连接位点上游区域的相互作用偏好更加明显，短内含子的相互作用要强于长内含子，第一和最后外显子连接区域连接位点下游区域普遍存在一个相互作用的极小区域，我们猜测这个区域是潜在的结合蛋白的结合信号区域。短内含子在外显子—外显子连接区域的相互作用强度要高于长内含子。

最佳匹配片段配对率集中在 60%～75%，其长度分布的极大值约为 23bp。最佳匹配片段的配对率和长度的分布范围比 miRNA 片段广。最佳匹配片段的 G+C 含量分布范围很宽，几乎涵盖了 5'UTR 序列、CDS 和 3'UTR 序列的 G+C 含量分布范围，但接近一半的最佳匹配片段的 G+C 含量低于上述三类序列。另外最佳匹配片段序列的碱基关联明显高于其他任何序列，即最佳匹配片段的碱基构成具有很高的组织性和序结构。

成熟 mRNA 和其他基因的内含子之间也存在相互作用关系，在 mRNA 上相对匹配频率分布规律与自己的内含子相互作用的分布相似，但强度明显低于与自己的内含子的相互作用。

总之，mRNA 和内含子之间存在相互作用关系，在 mRNA 上相互作用的分布显示出内在的规律性，相互作用的最佳匹配片段是一类弱 RNA-RNA 相互作用片段，其序列特征类似于 miRNA，最佳匹配片段具有很高的组织性和序结构。

第七章 基于结合自由能加权局域比对和新对称相对熵的进化关联比对分析内含子与相应 mRNA 序列的相互作用关系

在前面的章节中，我们采用了碱基匹配的方法，即 Smith-Waterman 局域比对方法探讨成熟 mRNA 序列与相应内含子序列之间的相互作用关系。本章将分别采用结合自由能加权局域比对（BFE 方法）和新对称相对熵进化关联的方法（NSRE 方法）对第六章中选取的秀丽隐杆线虫（*C. elegans*）全基因组蛋白质编码基因序列进行分析，并结合第六章采用碱基匹配的方法（SW 方法）得到的结果，共同分析成熟 mRNA 序列与相应内含子序列之间的相互作用关系。故本章的主要工作是针对同一种研究对象，采用不同的方法对成熟 mRNA 序列与相应内含子序列之间的相互作用关系尝试不同方面的探寻。

7.1 成熟 mRNA 序列上匹配和相对进化关联频率的分布

本章仍然采用第六章的数据集。基于秀丽隐杆线虫全基因组 5 736 个蛋白质编码基因和对应的 24 312 个内含子，分别利用结合自由能加权局域比对方法和新对称相对熵局域进化关联比对方法获得所有 mRNA 序列和相应内含子序列之间的最佳匹配片段和进化关联片段，统计得到 mRNA 序列上相对匹配频率和进化关联频率分布，分别记为 BFE-mRNA 和 NSRE-mRNA 分布；作为对照，用碱基匹配方法得到 mRNA 序列上的相对匹配频率分布，记为 SW-mRNA 分布，结果见图 7.1。为了方便表述，将结合自由能加权局域比对方法和新对称相对熵局域进化关联比对方法分别称为 BFE 方法和 NSRE 方法，作为对照，碱基匹配的方法称为 SW 方法。

结果显示：BFE-mRNA 序列上相对匹配频率（*RF*）分布与 NSRE-mRNA 序列上的分布极为相似。表现为：在 BFE-mRNA 和 NSRE-mRNA 序列上的 5' 端和 3' 端都出现频率相差无几的偏好区域；mRNA 序列中间的区域相对匹配频率较低，略低于理论平均值，其 *RF* 值在 0.8～0.9 波动。与 CC-random 组中的相对匹配频率分布相比，BFE-mRNA 和 NSRE-mRNA 分布在 5' 端和 3' 端的偏好明显，尤其在 3' 端，*RF* 的差值具有极显著性（*t* 检验，*p* <0.000 2）。

虽然上述两序列 *RF* 的偏好程度以及分布区域极为相似，但在 mRNA 序列 5' 端和 3' 端出现的偏好区域仍然有些许差异。具体为：BFE-mRNA 序列上第一个偏

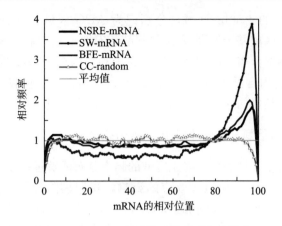

图 7.1　mRNA 上的相对进化关联频率分布

注：图例中 NSRE-mRNA 表示使用新对称相对熵（NSRE）方法得到的 *RF* 分布，SW-mRNA 表示使用碱基匹配方法（SW）得到的 *RF* 分布，BFE-mRNA 表示使用结合自由能方法（BFE）得到的 *RF* 分布，CC-random 表示组分约束的随机 mRNA 与其组分约束的随机内含子之间用 SW 法得到的 *RF* 分布。*RF* ＝1 代表理论相对匹配频率的平均值。

好区域位于 mRNA 序列的 5' 端 5%～12%的区域，其峰值约为 1.05，第二个偏好区域位于 mRNA 序列的 3' 端 80%～98%的区域，其峰值几乎达到 2.0；在 NSRE-mRNA 序列上的分别位于 mRNA 的 5' 端 2%～13%的区域，其峰值约为 1.14，第二个偏好区域位于 mRNA 的 3' 端 81%～99%的区域，其峰值约为 1.82。

　　与 SW-mRNA 相比，在 mRNA 序列的 5' 端，BFE-mRNA 序列上相对匹配频率和 NSRE-mRNA 的相对进化关联频率的偏好比 SW 方法的相对匹配频率更为明显一些。在 3' 端的偏好峰区分布宽度保持不变，但 BFE-mRNA 和 NSRE-mRNA 序列上的峰值仅为 SW-mRNA 序列峰值的 1/2，差异显著（*t* 检验，*p*<0.000 03）。中部区域 *RF* 值均比 SW-mRNA 序列的高，与 SW-mRNA 序列的 CDS 区域最佳匹配频率值也具有显著性差异（*t* 检验，*p*<0.000 01）。这是由于结合自由能加权局域比对方法促使其最佳匹配片段倾向与 G＋C 含量高的 CDS 结合引起的。NSRE 方法也比 SW 方法在 CDS 区域的碱基关联程度更高。

　　结果表明，三种方法得到的 mRNA 序列上相互作用强度分布趋势类似，再次揭示了 mRNA 序列与相应内含子序列之间存在局域协同进化关联，暗示了 mRNA 序列与相应内含子序列的相互作用偏好是生命进化过程中形成了一种固有的序列约束行为或协作发挥功能的内在适应机制。

7.2　功能位点区域相对匹配和进化关联频率的分布

　　选取翻译起始位点（AUG）、翻译终止位点（UAA）和外显子—外显子连接位点（EE）的 ±60bp 区域，分别记为 AUG 区域、UAA 区域和 EE 区域，分析这三个区域基于 BFE 方法得到的相对匹配频率和 NSRE 方法得到的相对进化关联频率分布。我们区分短内含子和长内含子是以 80bp 为阈值。以 80bp 为阈值，将内含子序列分为短内含子和长内含子。在我们的研究中，仍然将内含子分为整体内含子、短内含子和长内含子三组。

7.2.1 AUG 区域和 UAA 区域的频率分布

研究翻译起始区域和翻译终止区域的频率分布能够进一步验证分布偏好所处的具体区域，为了避免边界效应的影响，我们剔除掉了 5'UTR 长度小于 50bp 和 3'UTR 长度小于 80bp 的 mRNA 序列。以 AUG 功能位点和 UAA 功能位点的第一个碱基为坐标原点，给出 BFE 方法得到的相对匹配频率和 NSRE 方法得到的相对进化关联频率分布，并结合 SW 方法得到的相对匹配频率，见图 7.2。

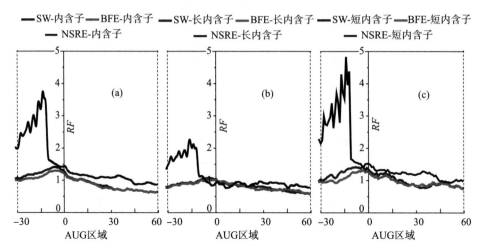

图 7.2　NSRE 方法、SW 方法和 BFE 方法下得到的
相对匹配频率分布在 mRNA 序列 AUG 区域上的比较

注：（a）内含子。（b）长内含子。（c）短内含子。

根据图 7.2，首先可发现 BFE 方法和 SW 方法得到的相对匹配频率分布趋势相似，其次我们发现一个很有趣的现象，NSRE 方法得到的相对进化关联频率在 AUG 区域 $-30 \sim -13$bp 出现一个强进化关联区域，相对进化关联频率迅速增强，在 $-15 \sim -13$bp 达到极大值（$RF=4.0$），随后出现了断崖式骤降（$RF=1.7$），之后又趋于平稳，并且短内含子的相对进化关联频率值明显比长内含子要高，尤其在强进化关联区域，表明短内含子与 5'UTR

区域的进化关联程度明显强于长内含子，具有更强的协同进化趋势。这一强进化关联区域的强度明显高于 SW 方法和 BFE 方法的，大约高出 4 倍，短内含子的差异更加明显。NSRE-mRNA 序列的强进化关联区域正好位于强相对匹配频率分布的上游，两者相邻但不重合。这表明最佳进化关联片段也是内含子序列与 mRNA 序列的一种作用模式，5'UTR 区域包含了区域分布明显不同的作用模式。

在 UAA 区域，BFE-mRNA 序列、NSRE-mRNA 序列和 SW-mRNA 序列的分布趋势基本相同，但 SW-mRNA 序列的相对匹配频率比其他两类序列要高一些。同时 NSRE-mRNA 序列的相对进化关联频率分布极大值约在 UAA 下游 7bp 处，BFE-mRNA 序列和 SW-mRNA 序列的相对匹配频率分布的极大值在 UAA 下游约 30bp 处，NSRE-mRNA 序列的相对进化关联频率分布有向上游 UAA 位点前移的现象，在其他两类序列的相对匹配频率分布的前端，更靠近 UAA 位点，但两者的分布有重合，与 5'UTR 区域的情况不一样（图 7.3）。

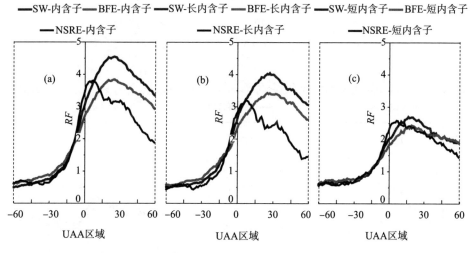

图 7.3　NSRE 方法、SW 方法和 BFE 方法下得到的相对
匹配频率分布在 mRNA 序列 UAA 区域上的比较

注：（a）内含子。（b）长内含子。（c）短内含子。

7.2.2　EE 区域的相对进化关联频率分布

仍将 EE 区域分为三组，即第一外显子连接区域、中间外显子连接区域及最后外显子连接区域，将内含子分为长内含子和短内含子两组，分别给出

BFE-mRNA、NSRE-mRNA 和 SW-mRNA 三类序列在这三个区域上的分布，见图 7.4、图 7.5 和图 7.6。

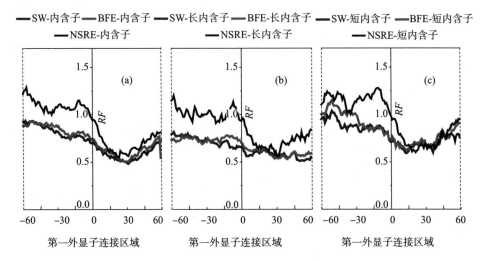

图 7.4　NSRE 方法、SW 方法和 BFE 方法下得到的相对匹配频率
分布在 mRNA 序列第一外显子连接区域上的比较

注：（a）内含子。（b）长内含子。（c）短内含子。

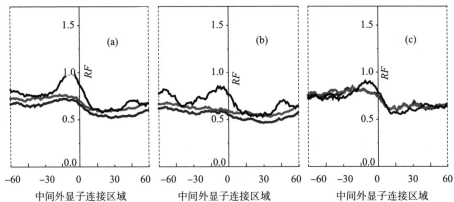

图 7.5　NSRE 方法、SW 方法和 BFE 方法下得到的相对匹配频率
分布在 mRNA 序列中间外显子连接区域上的比较

注：（a）内含子。（b）长内含子。（c）短内含子。

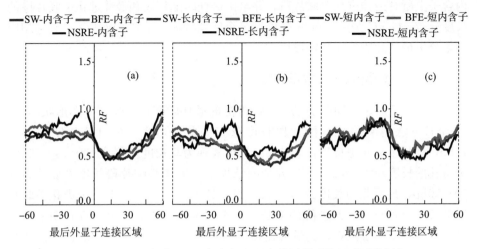

图 7.6 NSRE 方法、SW 方法和 BFE 方法下得到的相对匹配频率
分布在 mRNA 序列最后外显子连接区域上的比较

注：（a）内含子。（b）长内含子。（c）短内含子。

总体而言，三组 EE 区域的 BFE-mRNA 序列和 SW-mRNA 序列分布几乎完全一致，只 NSRE-mRNA 序列的相对进化关联频率分布有部分差别。三种比对方式在三类 EE 区域的相互作用分布类似，均能够显示出连接点上游的相互作用强于连接点下游，在连接点两端，第一外显子的分布差异最大（图 7.4），最后外显子次之，中间外显子两端的差异最小这一共同特征（图 7.5、图 7.6）。但在 NSRE 方法中，第一外显子上游的 RF 值明显高于其他两组，中间外显子和最后外显子靠近连接点上游出现一个明显的相互作用峰值分布，在连接点下游约 15bp 处出现极小值明显呈 U 形分布。短内含子在三个 EE 区域上的差异不明显。

这些结果表明，采用 SW 方法、BFE 方法和 NSRE 方法得到的外显子连接处匹配频率的分布趋势类似，具有一定保守性；内含子序列与外显子连接处上游区域的相互作用较为紧密同时在下游区域出现主动避开的 U 形分布（NSRE 方法得到的进化关联频率分布尤为明显），暗示了内含子序列与外显子连接处上游区域存在协同进化关联，下游区域可能与蛋白因子存在某种关联。总之，内含子序列与外显子连接区域存在相互作用偏好可能是功能约束下的生物进化机制。

7.3 最佳匹配和进化关联片段的序列特征

我们收集了采用 BFE 方法的内含子上所有最佳匹配片段和 NSRE 方法的

内含子上所有最佳进化关联片段，并给出最佳匹配片段和最佳进化关联片段的长度分布、G+C 含量分布和 D_2 值这三个序列特征，结合 SW 方法得到的相应结果分析最佳片段的序列构成性质。

7.3.1 长度和 G+C 含量分布

如图 7.7 所示，BFE 方法与 SW 方法的最佳匹配片段长度分布形状相似，但 BFE 方法得到最佳匹配片段长度分布的宽度增大，最可几长度增加了 13bp，即长度分布更接近正态分布。具体表现为其长度主要分布在 15～75bp，最可几的长度约为 36bp；SW 方法的结果中，最佳匹配片段长度主要分布在 10～50bp，最可几的长度约为 23bp。NSRE 方法的内含子上最佳进化关联片段的长度分布与 SW 方法和 BFE 方法中最佳匹配片段长度分布存在明显的差异，它的分布非常保守，其最可几长度约为 16bp，即绝大多数的最佳进化关联片段的长度在这一窄的范围之内。

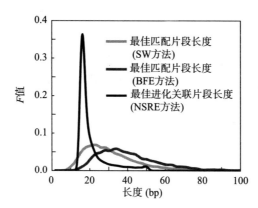

图 7.7　在 NSRE 方法下的最佳进化关联片段的长度分布和
在 SW 方法及 BFE 方法下最佳匹配片段的长度分布

图 7.8 中给出了 BFE 方法和 SW 方法中内含子上最佳匹配片段以及 NSRE 方法的内含子上最佳进化关联片段的 G+C 含量分布。采用 BFE 方法和 SW 方法得到的最佳匹配片段 G+C 含量分布的范围基本相同，但采用 BFE 方法得到的最佳匹配片段平均 G+C 含量增加，即分布向高 G+C 含量方向移动了一段距离，最可几的 G+C 含量为 0.25 左右（SW 方法得到的最佳匹配片段 G+C 含量约为 0.2），比 SW 方法的增加了 0.05，G+C 含量普遍增加的原因是 BFE 方法在选择最佳匹配片段时倾向于 G+C 含量高的内含子片段。NSRE 方法的内含子上最佳进化关联片段与 SW 方法和 BFE 方法中最佳匹配片段的 G+C 含量分布范围趋于相似，但 G+C 含量呈现出一系列的峰值分布，在 0.15、0.30、0.45 处出现三个极大值，在 0.2 和 0.4 处出现极小值，

SW 方法中单峰的峰值出现在 0.2 处，BFE 方法中单峰的峰值出现在 0.3 处。多峰的出现似乎表明最佳进化关联片段是被分成不同类型的，从得到的 G+C 含量分布上看，最佳进化关联片段被分成了四种类型。但也有可能是用新对称相对熵法计算小片段的碱基含量产生的背景噪声造成的，这是需要进一步澄清的问题。总体而言，内含子序列与相应 mRNA 之间的进化关联片段的长度非常保守。

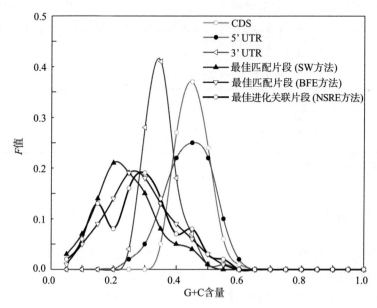

图 7.8　最佳进化关联片段（NSRE 方法）、最佳匹配片段（SW 和 BFE 方法）
以及 CDS、5'UTR 序列、3'UTR 序列的 G+C 含量分布

7.3.2　碱基关联分析

采用 NSRE 方法得到的内含子上最佳进化关联片段的碱基关联（D_2 值）见表 7.1。结果显示，最佳进化关联片段的碱基关联明显低于 SW 方法和 BFE 方法中的最佳匹配片段，与 CDS、5'UTR、3'UTR 区域的碱基关联基本相同。这说明最佳进化关联片段没有出现特殊的序结构。

表 7.1 给出了采用 BFE 方法的内含子上最佳匹配片段和 NSRE 方法得到的内含子上最佳进化关联片段的二阶信息冗余 D_2 值，与 SW 方法得到的相对应。可以看出，采用 BFE 方法得到最佳匹配片段的 D_2 值明显高于 CDS、5'UTR 序列和 3'UTR 序列，也就是说，最佳匹配片段内的碱基关联明显强于其他三类序列，具有很强的序结构。与 SW 方法的结果相比，BFE 方法的最佳匹配片段的 D_2 值低了约 20%。这些结果表明，运用 BFE 方法描述内含

子序列与 mRNA 序列之间的相互作用，也能够很好地表征它们之间的作用关系，其最佳匹配片段也是一类特殊的功能片段，应该具有很强的序结构和碱基关联特性。然而采用 NSRE 方法得到的内含子上最佳进化关联片段的碱基关联（D_2 值）结果显示，最佳进化关联片段的碱基关联明显低于 SW 方法和 BFE 方法中的最佳匹配片段，与 CDS、5'UTR、3'UTR 区域的碱基关联基本相同。这说明最佳进化关联片段没有出现特殊的序结构。综合比较可发现，采用 SW 方法获得的最佳匹配片段具有最强的序列组织性，故我们认为用碱基匹配方式表征内含子序列与 mRNA 序列之间的相互作用更加切合实际。

表 7.1   线虫基因中不同序列的 D_2 值

指标	mRNA			内含子		
	CDS	5'UTR	3'UTR	OMS（SW）	OMS（BFE）	OERS（NSRE）
D_2	0.029	0.032	0.036	0.066	0.053	0.033

注：OMS 表示内含子的最佳匹配片段，OERS 表示最佳进化关联片段。

7.4　结论

本章仍以秀丽隐杆线虫基因组蛋白质编码基因序列为研究对象，采用结合自由能加权方法（BFE 方法）和新对称相对熵（NSRE 方法）来表征内含子与相应的 mRNA 序列之间的相互作用关系，分别获得 mRNA 序列与其相应剪切后内含子之间的最佳匹配片段和最佳进化关联片段以及 mRNA 序列上功能位点附近的相对匹配和进化关联频率分布，并结合第六章中采用碱基匹配方法（BFE 方法）得到的结果进行比较分析。结果显示，采用三种方法获得的 mRNA 序列上相对匹配和关联频率分布规律相似，即在 mRNA 序列的两端 UTR 区域各呈现一个偏好区域。但采用 BFE 方法在 mRNA 序列的 5'UTR 区域和 3'UTR 区域的相互作用强度比 SW 方法中的要弱，中部 CDS 区域的相对匹配频率值均比 SW 方法的 CDS 中部高，这可能是由于在 BFE 方法中结合自由能加权局域比对会使最佳匹配片段倾向与 G＋C 含量高的 CDS 结合。

考察 AUG 区域和 UAA 区域上，采用 BFE 方法和 SW 方法的结果几乎相同，有趣的是，采用 NSRE 方法得到的相对进化关联频率分布，在 AUG 位点上游－13bp 前面出现了显著的强相互作用，也就是出现在 SW 方法和 BFE 方法中 5'UTR 区域上的相对匹配频率偏好区域的上游。在 UAA 区域，显著的强相互作用分布更加靠近 UAA 位点，也在 UAA 区域相对匹配频率偏好分布的前端。用新对称相对熵得到的最佳进化关联片段对表示了两者之间序列组成成分的最佳匹配关系，与碱基匹配关系是不同的。上述结果表明，碱基匹配是内含子与 mRNA 序列之间相互作用的一种形式，除此之外还存在其他的相互作用模式，片段的进化关联应该是另外一种关联模式。

　　在外显子连接区域，采用 BFE 方法获得的相对匹配频率分布与 SW 方法中的结果相似，连接点上游的相互作用强度大于下游，在第一和最后外显子连接区域连接点下游出现一个相对匹配频率极小值分布，短内含子的相互作用要强于长内含子序列。虽然采用 NSRE 方法得到的相对进化关联频率分布与 SW 方法和 BFE 方法在这些区域上的分布相近，但具体分布是有差别的。首先在三个外显子连接区域上，连接点上下游进化关联频率值的差异更加明显，上游的进化关联频率值明显高于 SW 方法和 BFE 方法中相应的相对匹配频率。其次在连接点下游，三个外显子连接区域均出现了极小值分布，而在 SW 方法和 BFE 方法中，中间外显子连接区域连接点下游则没有明显的极小值分布。另外在三个外显子连接区域的靠近连接点上游，相对进化关联频率分布均出现一个极大值分布，这一特征在 SW 方法和 BFE 方法中是不明显的。

　　BFE 方法获得的最佳匹配片段的长度分布形状与 SW 方法中的分布相似，但不同的是最佳匹配片段的长度普遍变长，SW 方法中的最可几长度是 23bp，在 BFE 方法中最可几长度增加到 36bp。采用 NSRE 方法得到的最佳进化关联片段的长度分布具有明显的特征，即最可几长度分布保守性特别强，大多数最佳进化关联片段的长度在 16bp 左右，这一点与 SW 方法和 BFE 方法中的长度分布不一样。

　　最佳进化关联片段的 G+C 含量分布与 BFE 方法中最佳匹配片段 G+C 含量分布相近，G+C 含量明显高于 SW 方法中相应的结果。采用 BFE 方法获得的最佳匹配片段的碱基关联仍然很强，但略低于 SW 方法中的 D_2 值，表明最佳匹配片段是一类特殊的序列片段，具有很高的结构组织性或具有很强的序结构。但是最佳进化关联片段的碱基关联强度（D_2 值）与其他类型的序列相近，没有显示出强关联特征。该结果暗示这类相互作用模式（进化关联）以短片段为主，其序列的序结构没有特殊性。

　　总之，基于结合自由能加权局域比对方法与基于局域碱基匹配方法得到的结果基本相同，但采用 BFE 方法获得的 mRNA 序列与相应内含子序列之间的相互作用强度比 SW 方法中的要弱一些，另外我们认为 mRNA 序列与相应内含子序列之间的最佳进化关联片段（采用 NSRE 方法得到的）也是它们之间的一种相互作用模式，在 mRNA 序列上的作用偏好与 SW 方法和 BFE 方法中的作用偏好虽然相近，但在 mRNA 的 UTR 区域的偏好作用位置不同，通常比最佳匹配片段的作用区域更靠前。通过对三种相互作用方式的比较，我们发现 mRNA 和内含子之间至少存在两种相互作用模式，它们应该同时发挥相应的生物功能，然而采用局域碱基匹配来表征内含子与 mRNA 之间的相互作用结果更加明显，效果会更好。

第八章 内含子长度进化机制

核糖核蛋白基因在进化上具有很好的保守性，所以我们选取 27 种真核生物核糖核蛋白基因序列，分析内含子序列上的最佳匹配区域分布和特征，探讨内含子的基本结构和内含子序列长度的进化机制。寻找内含子与相应 mRNA 序列的相互作用位点或最佳匹配区域的分布为我们研究内含子进化提供了一个新方法。

8.1 数据集

27 个基因组取自 RPG，基因信息见表 8.1。核糖核蛋白基因是一类功能上保守的基因家族，在不同物种之间，均具有较高的序列保守性。因内含子长度各不相同，将全部 7 292 条内含子序列长度标准化到 100bp。前期的研究表明[127]，高 GC 最佳匹配片段与低 GC 最佳匹配片段所执行的功能是不同的。现将内含子分为两类，GC 含量小于 0.3 称为低 GC 内含子序列，GC 含量大于 0.5 称为高 GC 内含子序列。高 GC 内含子占总数的 5.19%，低 GC 内含子占总数的 38.4%。

表 8.1　27 个物种核糖核蛋白基因数据

单位：个

物种	基因数量	内含子数量	外显子数量	5' 连接序列数量	3' 连接序列数量	EE 序列数量
Caenorhabditis elegans	84	173	257	166	161	143
Coprinus cinereu	80	261	341	109	18	77
Ustilago maydis	79	78	157	4	0	22
Arabidopsis thaliana	226	630	856	427	561	344
Schizosaccharomyces pombe	141	87	228	0	0	19
Rhizopus oryzae	304	579	883	0	0	128
Dictyostelium discoideum	78	105	183	0	0	17
Cryptococcus neoformans	78	263	341	29	4	80
Anopheles gambiae	68	138	206	104	120	76
Neurospora crassa	80	214	294	11	11	62
Homo sapiens	79	364	443	93	216	172

（续）

物种	基因数量	内含子数量	外显子数量	5'连接序列数量	3'连接序列数量	EE 序列数量
Rattus norvegicus	79	351	430	345	317	158
Mus musculus	79	350	429	348	348	159
Apis mellifera	79	241	320	207	212	137
Oryza sativa	243	843	1 086	127	546	445
Chlamydomonas reinhardtii	79	249	328	50	0	92
Ciona intestinalis	77	248	325	199	168	142
Brugia malayi	77	199	276	21	4	128
Nematostella vectensis	80	269	349	94	77	101
Populus trichocarpa	78	254	332	244	230	151
Fugu rubripes	80	322	402	63	10	127
Volvox carteri	80	269	349	253	254	136
Drosophila melanogaster	84	171	255	101	165	91
Plasmodium falciparum	73	88	161	0	0	37
Magnaporthe grisea	79	199	278	16	0	63
Fusarium graminearum	80	195	275	3	0	58
Toxoplasma gondii	79	152	231	16	13	80
总计	2 723	7 292	10 015	3 030	3 435	3 245

8.2　内含子序列上最佳匹配频率分布

分析内含子序列与 mRNA 序列之间的最佳匹配区域在内含子序列上的分布。分别得到内含子、低 GC 和高 GC 内含子上各个相对碱基位置的匹配频率 F 值的分布，结果见图 8.1。从整体上看内含子上匹配频率分布比较均匀，各处的 F 值均在 0.15 左右，见图 8.1a。而低 GC 和高 GC 内含子的匹配频率分布存在明显差别，低 GC 内含子的匹配频率呈现出双峰分布，高 GC 内含子的匹配频率分布在内含子上呈现出单峰分布。若以 $F = 0.15$ 为基准，对于低 GC 内含子，前一个峰分布出现在 10%～30% 的范围，后一个峰分布出现在内含子 60%～90% 的范围，见图 8.1b。对于高 GC 内含子，单峰分布出现在内含子上游 10%～40% 的范围，从 20% 处开始，匹配频率直线下降，见图 8.1c。

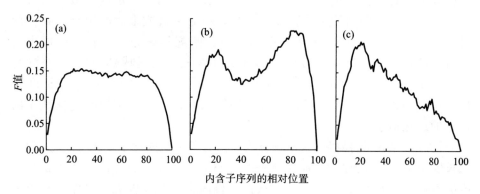

图 8.1 核糖核蛋白基因 mRNA 序列和相应的内含子序列局域比对的相对频率分布
注：(a) 所有 GC 片段。(b) 低 GC 片段。(c) 高 GC 片段。

从内含子进化的角度来讲，我们认为，总体匹配频率分布代表了成熟内含子的序列结构，而高 GC 和低 GC 内含子分布显示了这些内含子正处在演化过程中。对比图 8.1 中的三类情况可以看出，内含子序列是存在亚单元结构的。低 GC 内含子的双峰分布和高 GC 内含子的单峰分布显示了内含子中亚结构单元的位置和大小，也显示了新生内含子亚结构单元序列的来源。对低 GC 内含子序列，两个亚单元最佳匹配片段的 GC 含量很低，说明它们来自 GC 含量很低的序列，猜测它们可能来自基因间序列或者来自低等的外源生物，这类内含子占总数的 38.4%。在高 GC 内含子序列中，上游最佳匹配片段的 GC 含量很高，它们来自 GC 含量高的序列，猜测它们很可能源自编码序列或原来就是编码序列的一部分，这类内含子占总数的 5.19%。我们认为这些内含子序列随着进化逐渐成熟，其序列结构逐步趋近图 8.1a 所示的成熟内含子的结构。可见，研究内含子与 mRNA 的相互作用，有可能为内含子进化提供一种研究方法。

内含子序列上有许多与 mRNA 序列相互作用的区域，我们把高匹配区域定义为内含子结构单元，低匹配区域定义为内含子的连接序列，认为内含子是有结构功能单元的，结构单元数量随着内含子长度增加而增加，结构单元之间由连接序列连接。下面我们将基于这一思路研究内含子亚单元结构的数目和尺寸随内含子长度的进化问题。

8.3 内含子序列的进化

内含子起源和进化的问题很早就已提出，目前形成了各种各样的说法。主要有内含子早现（introns-early）[291] 和内含子晚现（introns-late）[292] 两种假说。到现在为止，关于内含子起源和进化仍没有定论。由于内含子长度差异很大，序列的结构特征不明显，给研究造成很大的困难。我们探讨内含子序列上与 mRNA 相互作用的最佳匹配片段分布，有可能提供一种研究内含子序列进化的方法。因为最佳匹配片段是成熟 mRNA 序列与内含子序列协同进化的结果，统计表明，最佳匹配片段的平均长度为18bp，是内含子序列上较长的一种有序结构，这类有序结构必定反映了内含子的进化信息。

我们以 80bp 为界将内含子划分为短内含子和长内含子两类[214]，一般认为长度小于 40bp 的序列不能构成一个完整的内含子，成熟的内含子最短长度应不短于 80bp。基于这一分类依据，将内含子按长度分为九组，每组内含子的长度范围和标准化的长度见表 8.2。在分类中，每组内含子的长度变化在 40bp 以内，按照组内的平均长度标准化。如长度在 $80\sim120$bp 的内含子，均将其标准化到 100bp。这样的话，我们就可以估算内含子中亚结构的尺度了。

表 8.2 核糖核蛋白基因

指标	$40\sim80$ bp	$80\sim120$ bp	$120\sim160$ bp	$160\sim200$ bp	$200\sim240$ bp	$240\sim280$ bp	$280\sim320$ bp	$320\sim360$ bp	$360\sim400$ bp
内含子数量	1 380	1 389	514	465	428	397	321	264	246
N_0	60	100	140	180	220	260	300	340	380

注：N_0 指内含子标准化的长度。

统计得到各组内含子上匹配频率分布，见图 8.2。结果显示，内含子标准化长度为 60bp 时呈现单峰分布，标准化长度为 140bp 时开始出现双峰分布的迹象，到 220bp 时出现明显的双峰分布，在 260bp 时开始出现三峰迹象，到 380bp 时呈现较显著的三峰分布。如果一个峰分布代表内含子的一个亚结构单元的话，随着内含子长度的增加，内含子的结构单元数目也在增多。若用标准化长度来衡量内含子长度的话，长度为 60bp 的内含子有一个峰，140bp 的内含子开始出现两个峰（图 8.2c），考虑两个峰分布之间还需要一段连接序列，我们的结果表明内含子最小的结构单元长度约为 60bp。随着内含子长度增加，这一宽度范围基本保持不变，只是相邻单元之间的连接长度有所增加，如220bp 长度的内含子（图 8.2e）分布和 360bp 长度的内含子分布（图 8.2i）均显示了这一特征。

按照 Halligan 的研究结论，具有功能的最小内含子长度不低于 80bp，除

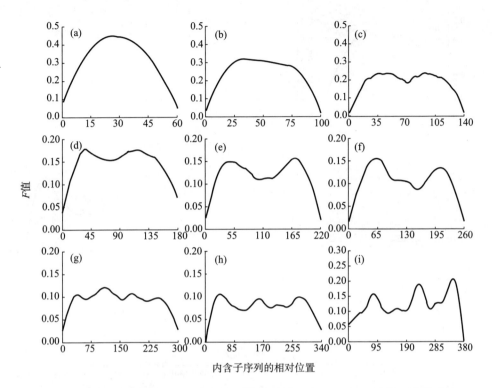

图 8.2　核糖核蛋白基因 mRNA 序列与相应的内含子序列局域比对的相对频率分布

注：横坐标为内含子序列的相对位置，纵坐标为内含子的 F 值。（a）内含子长度为 40~80bp。（b）内含子长度为 80~120bp。（c）内含子长度为 120~160bp。（d）内含子长度为 160~200bp。（e）内含子长度为 200~240bp。（f）内含子长度为 240~280bp。（g）内含子长度为 280~320bp。（h）内含子长度为 320~360bp。（i）内含子长度为 360~400bp。

去 5' 端和 3' 端与剪接相关的保守序列外，最短内含子中包含一个约 60bp 长的结构单元。根据我们的结论，内含子的长度不是逐渐增长的，而是以结构单元为单位一个一个增加的，两个结构单元之间用连接序列连接起来。随着结构单元的增多，结构单元的尺度具有保守性，但连接序列的长度变化较大。那么，内含子长度增加是否具有方向性？是沿 3' 方向添加结构单元，还是沿 5' 方向？为了探明这一进化特点，下面我们将最佳匹配片段分为高 GC 和低 GC 两类进行分析。

为了揭示内含子长度进化的方向和内含子序列结构在进化过程中的变化，将内含子中最佳匹配片段按 GC 含量对内含子进行分类。低 GC 内含子的匹配频率分布见图 8.3，高 GC 内含子的匹配频率分布见图 8.4。

低 GC 内含子的匹配频率分布与总体内含子分布相似，即内含子长度为

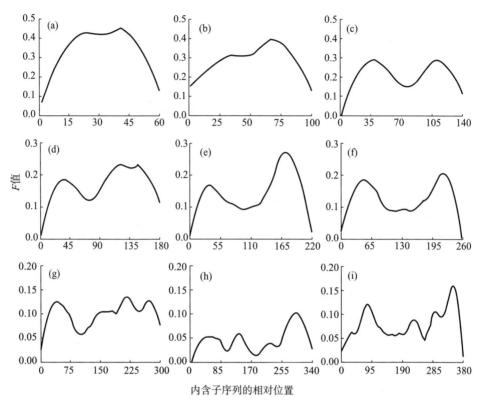

图 8.3　低 GC 片段匹配频率分布

60bp 时呈现单峰分布，140bp 时开始出现双峰分布，到 260bp 时双峰现象更加明显，内含子长度达到 360bp 时开始显现多峰现象。对于高 GC 内含子，匹配频率分布总体趋势是沿着 5' 端到 3' 端递减。随着内含子长度的增加，分布曲线逐渐变平，高度逐渐下降，且呈现出一些峰值分布，这一规律与扩散现象类似，内含子 5' 端相当于一个粒子总数给定的扩散源。

　　成熟内含子中既包含低 GC 含量的最佳匹配片段，又包含高 GC 的最佳匹配片段，高 GC 最佳匹配片段形成均匀的分布，低 GC 最佳匹配片段则在各单元区形成峰值分布。高 GC 最佳匹配片段分布在内含子 5' 端的扩散现象表明，多数内含子的 5' 区域是成熟的序列，而 3' 区域是未成熟区或是正在演化的区域。也就是说，内含子的长度进化进程是从 5' 端开始并向着 3' 端进行。

　　该研究揭示了内含子长度的进化特征，强调了内含子的潜在功能重要性，随着研究的进一步深入，相信将有更多功能被揭示出来。

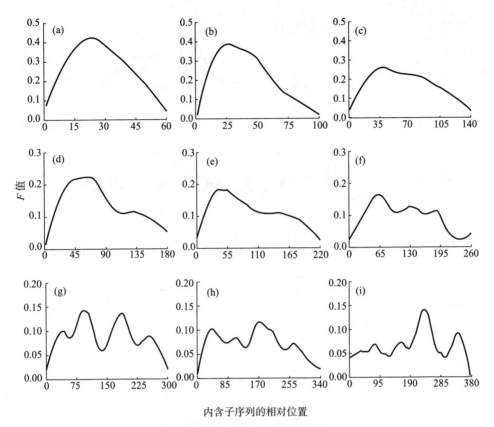

内含子序列的相对位置

图 8.4　高 GC 片段匹配频率分布

8.4　内含子结构特征

为了考察内含子结构单元的有序结构，对于不同长度的内含子，计算了二阶信息冗余 D_2 值在内含子序列上的分布，D_2 值反映了序列相邻碱基之间的关联强度或序结构的强弱，结果见图 8.5。

从图中可发现长度小于 180bp 的内含子，其上下游各有一个 D_2 峰值区，大于 180bp 的内含子在 3′ 端均有一个峰值分布。按照 Halligan 的分析，内含子 5′ 端约 8bp 长的区域和 3′ 端约 30bp 长的区域是内含子剪接的功能保守区域。因此内含子 3′ 端的峰值反映了该保守序列的序结构。那么对于小于 180bp 的内含子，在上游出现的较宽的峰值分布显然不是 8bp 长的剪接保守区域造成的，应该是内含子上游结构单元的序列保守特征。相对于内含子下游区域，上游结构单元序列具有较强的序结构或具有较强的碱基关联，也反

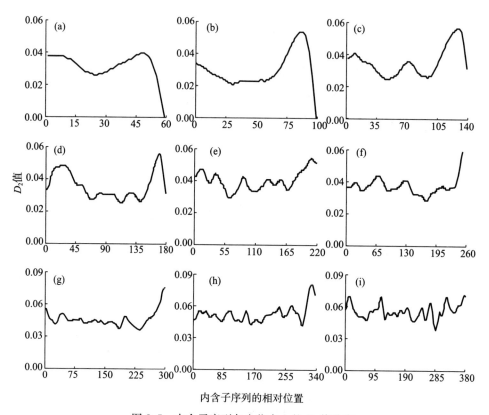

图 8.5　内含子序列各个位点上的 D_2 值分布

映了内含子上游成熟单元的序列特征，随着内含子长度进一步增加，D_2 值分布逐渐趋于均匀，说明内含子序列的成熟过程是从 5' 端开始逐步向着 3' 端展开的。

8.5　内含子长度进化机制

基于上面的结果提出内含子长度进化机制。我们的结论表明内含子的长度不是逐渐增加的，而是通过增加结构单元的方式增加，且两个结构单元间通过连接序列连接（图 8.6）。

内含子结构单元长度是保守的 60bp，但是两个结构单元间的连接序列长度是变化的。当内含子长度是 60bp 时，存在 1 个结构单元；当长度是 100bp 时，仍然存在 1 个结构单元，但是连接序列开始出现；然而，当内含子长度增加到 220bp 时，出现 2 个结构单元；当内含子长度为 260bp 时，连接序列长度增长，内含子单元数还是 2 个；当内含子长度为 380bp 时，出现 3 个内含子，

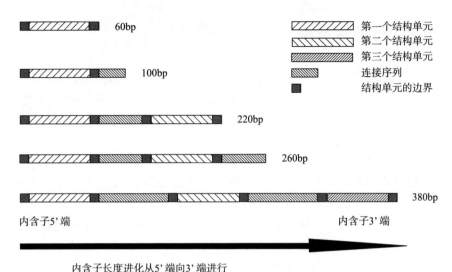

图 8.6　内含子长度进化机制

且连接序列长度逐渐增加。这一现象表明，内含子的 5' 区域或第一个结构单元是成熟序列，而 3' 区域是未成熟区或是正在演化的区域，内含子的长度进化进程是从 5' 端开始并向着 3' 端进行，新生单元是从内含子 3' 端一段一段加上去的（图 8.6）。随着进化，各个结构单元中最佳匹配片段的碱基含量逐渐趋近均匀。另外，我们提出内含子长度进化是以细胞分裂模型进化的，内含子长度成指数增长，说明内含子各个结构单元之间的长度是越来越长的，但是组成内含子的基本结构单元是保守的[293]。证据表明，内含子长度分布在 88～124bp 上的短内含子的删除/插入比值高于 50～86bp 的小内含子。GC 含量较低的小内含子的删除/插入比值要高于 GC 含量较高的小内含子。这说明内含子的删除/插入是以结构单元（约 60bp）进行的，删除/插入多数发生在结构单元的连接区域，此结果与我们的研究结果一致。

我们认为小内含子长度范围为 0～120bp，后期的长内含子是以长度为 120bp 模式扩增。进一步研究发现，上述删除/插入比值可以区分内含子长度和内含子上的 GC 含量，二者是相互联系的。这是由于一些小内含子的 GC 含量较高，所以在内含子长度上受到较小的纯化选择，然而对于一些 GC 含量较低的小内含子，则可能受到了较强的正选择。研究结果表明，在不同物种中，小内含子的长度和 GC 含量都受到某种自然选择的作用而保持在最适值附近[294]。这个研究暗示了小内含子的进化尺度和进化特征，同时也说明小内含子存在潜在的重要功能[131-134]，为后续各物种的内含子长度进化提供了理论基础。

8.6 结果与讨论

最佳匹配片段在内含子上的分布显示出内含子的长度进化进程是从 5' 端开始并向着 3' 端进行，且内含子长度通过保守的结构单元一个一个增加。这给出了内含子长度演化的一种可能的机制。结论表明内含子序列与成熟 mRNA 是协同进化的。

在内含子序列上，整体上匹配频率分布比较均匀，低 GC 内含子的匹配频率呈现出双峰分布，高 GC 内含子的匹配频率分布在内含子上呈现出单峰分布。从内含子进化的角度来讲，我们认为，总体匹配频率分布代表了成熟内含子的序列结构，而高 GC 和低 GC 内含子分布显示了这些内含子正处在演化过程中。内含子序列是存在亚单元结构的，低 GC 内含子的双峰分布和高 GC 内含子的单峰分布显示了内含子中亚结构单元的位置和大小，也显示了新生内含子亚结构单元序列的来源。对低 GC 内含子序列，两个亚单元最佳匹配片段的 GC 含量很低，说明它们来自 GC 含量很低的序列，猜测它们可能来自基因间序列或者来自低等的外源生物；在高 GC 内含子序列中，上游最佳匹配片段的 GC 含量很高，它们来自 GC 含量高的序列，猜测它们很可能源自编码序列或原来就是编码序列的一部分。我们认为这些内含子序列随着进化逐渐成熟，可见，研究内含子与 mRNA 的相互作用，有可能为内含子进化提供一种研究方法。成熟内含子中既包含低 GC 含量的最佳匹配片段，又包含高 GC 的最佳匹配片段，高 GC 最佳匹配片段形成均匀的分布，低 GC 最佳匹配片段则在各单元区形成峰值分布；高 GC 最佳匹配片段分布在内含子 5' 端的扩散现象表明，多数内含子的 5' 区域是成熟的序列，而 3' 区域是未成熟区或是正在演化的区域，也就是说，内含子的长度进化进程是从 5' 端开始并向着 3' 端进行。

对于低 GC 的内含子序列，当内含子长度为 60bp 时，呈现出单峰分布；当内含子长度增长到 140bp 时，出现双峰分布；增长到 260bp 时，双峰分布更加明显；当达到 380bp 时，出现多峰分布；然而，对于高 GC 内含子，具有一个结构单元的短内含子，匹配频率分布极大值在单元中部。随着内含子长度增加，匹配频率分布总体趋势是沿着 5' 端到 3' 端递减。当内含子长度增加到 260bp 时，内含子上游分布高度逐渐下降，下游分布高度逐渐增加，且呈现出一些峰值分布。所以我们提出内含子长度进化机制，内含子长度不是逐渐增加，而是通过增加结构单元的方式一个一个增加，而结构单元之间由连接序列连接，结构单元保守长度为 60bp，单元间的连接序列长度随着进化逐渐增长。这一现象表明，内含子的 5' 区域或第一个结构单元是成熟序列，而 3' 区域是未成熟区或是正在演化的区域，内含子的长度进化进程是从 5' 端开始并向着

3' 端进行，新生单元是从内含子 3' 端一段一段加上去的。随着进化，各个结构单元最佳匹配片段的碱基含量逐渐趋近均匀。

内含子可能在维持其基因组正常运转的工程中发挥着关键的调控作用。mRNA 序列上最佳匹配频率分布呈现高度的保守性。我们的结果揭示了内含子的结构和长度的进化特征，强调了内含子的潜在功能重要性，随着研究的进一步深入，相信将有更多功能被揭示出来。

第九章　核糖核蛋白基因 mRNA 序列与相应内含子的序列匹配偏好

在本章中，我们以第八章的 27 种真核生物核糖核蛋白基因序列和数据为研究对象，分析 mRNA 序列与内含子序列相互作用的共同特征。充分讨论了 mRNA 序列上的功能区域如翻译起始位点、翻译终止位点及外显子连接处，分别与内含子序列的匹配以及匹配分布的特征，并研究了匹配频率分布与蛋白因子结合的关系。

9.1　数据集

27 个基因组取自 RPG，基因信息见表 8.1。我们建立了以下几个序列集合：①核糖核蛋白基因成熟的 mRNA 序列、编码序列和与每个基因对应的内含子序列。②外显子连接序列和两个外显子之间的内含子序列。在相邻外显子交接处上游和下游各取 50bp 序列，连接起来构成长度为 100bp 的外显子连接序列。这样选取的好处是使所选择的序列数目最大化，同时又包含了要研究的外显子连接复合体（EJC）区域，一般认为 EJC 区域位于外显子连接处上游约 −24bp 处。③5'UTR 序列和编码序列连接处向前后各取 50bp，构建长度为 100bp 的 5' 连接序列。④编码序列和 3'UTR 序列连接处向前后各取 50bp，构建长度为 100bp 的 3' 连接序列。

最后得到 3 245 条外显子连接序列、3 030 条 5' 连接序列和 3 435 条 3' 连接序列，然后将每类 mRNA 序列与相应的内含子序列进行比对。

9.2　mRNA 序列上最佳匹配频率分布

将 pre-mRNA 序列上的内含子序列与成熟 mRNA 序列进行局域比对，分别得到 mRNA 上最佳匹配片段位置。将所有序列标准化到 100bp 后，得到 mRNA 上相对匹配频率（记为匹配强度）的分布，结果见图 9.1a。UTR 区域的匹配强度高于编码序列（中部），在 5'UTR 区域最高，极大值约为平均值的 2.4 倍。现将最佳匹配片段按照 GC 含量进行分组，GC 含量小于 0.3 的最佳匹配片段称为低 GC 片段，GC 含量大于 0.5 的最佳匹配片段称为高 GC 片段。同样，将最佳匹配片段分为低 GC 片段和高 GC 片段，两类片段在 mRNA 序列上的匹配强度分布见图 9.1b 和图 9.1c。从图中可知，低 GC 片段的匹配强度在 5'UTR 区域更高，在编码区更低，在序列的 90％处出现一个低匹配强度区，其正是在 3'UTR 区域。高 GC 片段的匹配强度分布在 5'UTR、编码区和 3'UTR 三个区域没有明显区别，有许多极大值和极小值。

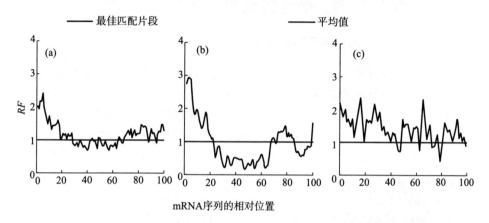

图 9.1　核糖核蛋白基因 mRNA 序列和相应的内含子序列局域比对的相对频率分布

注：$RF=1$ 代表理论相对匹配频率的平均值。（a）整个 GC 含量区域的 mRNA 序列匹配频率的分布（100％）。（b）低 GC 含量区域的 mRNA 序列匹配频率（25％）。（c）高 GC 含量区域的 mRNA 序列匹配频率（18.6％）。

以上结果表明：mRNA 序列上存在许多与内含子作用的匹配区域，低 GC 的最佳匹配片段偏好与 UTR 区域作用，高 GC 的最佳匹配片段则没有这种偏好，统计表明 UTR 的序列特征与内含子序列接近，它们的平均 GC 含量相近且低于编码序列。按照统计理论，GC 含量接近的序列产生序列匹配的概率较大，故内含子中低 GC 匹配片段与 UTR 序列匹配强度大似乎是显然的。但为什么在基因序列进化中选择 UTR 和内含子的序列特征接近，而与编码序列的序列特征有较明显的差异呢？我们认为，为了保证内含子与 UTR 序列之间建立较强相互作用并通过这类作用达到对基因的调控这一目的，才使这两类序列的进化具有趋同性。高 GC 的最佳匹配片段在 UTR 和编码区分布没有明显差别，说明在内含子序列上还存在一些高 GC 区域，它们与整个 mRNA 都有作用。我们知道基因序列上 GC 含量分布是不均匀的，在编码序列上存在一些低 GC 含量区域，而在 UTR 和内含子序列上存在一些高 GC 区域[295]。虽然有众多的研究，但对这些区域的存在机制和功能仍不清楚。我们认为，这些区域的存在是为了搭建这三类序列之间相互作用的桥梁，通过他们之间的相互作用达到对基因调控的目的。例如，在 3'UTR 区域，低 GC 片段的低匹配和高 GC 片段的高匹配反映了 3'UTR 结构的复杂性和特殊性。我们推测这一结构与内含子参与无义介导的 mRNA 降解（NMD）有关。因此，深入研究 mRNA 上匹配强度的分布对于了解内含子对基因调控的机制是非常重要的。

9.3 编码序列上最佳匹配频率分布

9.3.1 编码序列的最佳匹配频率分布

为了考察内含子对基因编码序列的作用情况，我们得到编码序列上匹配频率的分布，仍将所有编码序列标准化到 100bp，结果见图 9.2a。在探讨不同 GC 含量的最佳匹配片段在编码序列上的分布情况时，仍将最佳匹配片段按 GC 含量分类：GC 含量小于 0.3 的最佳匹配片段称为低 GC 片段，它们占总数的 5.24％；GC 含量在 0.31～0.5 的最佳匹配片段称为中 GC 片段，它们占总数的 83.8％；GC 含量大于 0.5 的最佳匹配片段称为高 GC 片段，它们占总数的 10.9％。以上三类片段在编码序列上的匹配强度分布见图 9.2b、图 9.2c 和图 9.2d。需要说明的是图中两侧指向零点的曲线是由边界效应造成的，统计指出最佳匹配片段的平均长度为 18bp，将编码序列标准化到 100bp 后，边界相应只占整个序列的 5％左右。本节只讨论编码序列内部相对匹配频率占据情况，关于编码起始和编码终止位点附近的占据情况将在后面专门讨论。与 mRNA 序列相比，整体匹配强度是不高的，但高 GC 和低 GC 片段的匹配强度分布是有明显特征的。总体而言，低 GC 片段在编码序列约 20％和 60％处均有一个非常显著的高匹配区域，而在编码序列的 10％、40％和 85％处各存在一个低匹配区域（图 9.2b）。对于高 GC 片段，在编码序列约 10％和 90％处存在很高的匹配区域，在 40％长度处是低匹配区域。无论是高 GC 还是低 GC 最佳匹配片段，在序列 40％附近均是低匹配区域。中等 GC 片段在编码序列上的匹配强度分布没有显示明显的偏好。

总之，整个编码序列上存在许多与内含子匹配的偏好区域和非偏好区域，其原因尚不清楚。前期工作表明，部分生物核糖核蛋白基因的 EJC 结合区域匹配强度很低[111]。我们认为匹配偏好与编码序列上的蛋白结合因子有关。内含子和结合蛋白能否在编码序列某处结合，取决于他们之间的竞争与协作关系。高 GC 和低 GC 片段在编码序列上存在很强的匹配偏好，表明已经为结合蛋白预留了结合位置，这类内含子与结合蛋白之间是协作关系。多数的中等 GC 片段在编码序列上没有明显偏好，表明此时内含子与结合蛋白是竞争关系。谁能结合上去则取决于基因的特定环境。

我们的结果显示基因的表达和调控是由 mRNA、内含子和结合蛋白因子

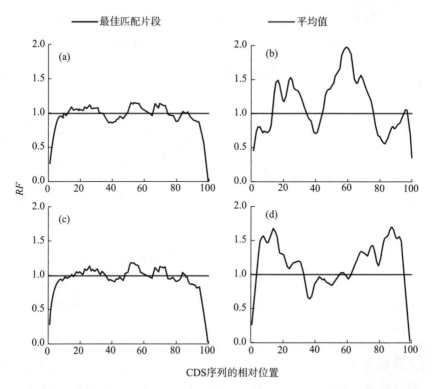

图 9.2 核糖核蛋白基因编码序列和相应的内含子序列局域比对的相对频率分布

注：$RF=1$ 代表理论相对匹配频率的平均值。（a）所有 GC 片段。（b）低 GC 片段。（c）中 GC 片段。（d）高 GC 片段。

三者之间形成的网络调控关系决定的。通过内含子和结合蛋白的调控决定 mRNA 的高级结构、协助 mRNA 出核、调节 mRNA 翻译等过程。

9.3.2 翻译起始区域的最佳匹配频率分布

一个编码基因的转录本由不同特性的序列片段组成，如转录起始、转录终止、翻译起始、翻译终止、外显子与内含子连接、外显子与外显子连接等区域构成，这些不同序列的结合位点称为功能位点。了解这些功能位点附近的最佳匹配区域分布特征具有重要的意义。

翻译起始位点是基因的重要功能位点，关于决定翻译起始效率的机制仍不完全清楚。一些工作基于序列特征、模体偏好及与蛋白结合因子的相互作用进行了分析，其机理仍无法取得定量的结果[38]。我们将基于翻译起始序列与所有内含子相互作用的角度来探讨这一问题。最佳匹配片段在翻译起始序列上的相对匹配频率分布见图 9.3，图中±30bp 之外是边界效应影响区域，不予考虑。

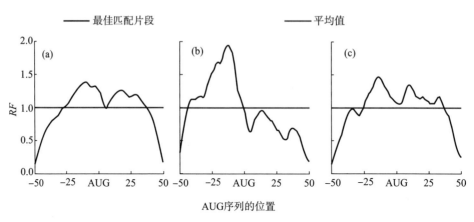

图 9.3　翻译起始序列与所有内含子相互作用的相对匹配频率分布

注：(a) 所有 GC 片段。(b) 低 GC 片段。(c) 高 GC 片段。

　　结果发现翻译起始区域的匹配频率分布在翻译起始位点附近存在显著的改变。AUG 下游附近，相对匹配频率出现一个极小值分布，此极小值的两侧各有一个高度相近的极大值分布（图 9.3a）。对于低 GC 片段，AUG 下游的极小值分布更加明显，RF 值约为 0.7，AUG 上游出现一个很强的匹配区域，总体而言，相对匹配频率从 −20bp 开始呈现显著的下降，见图 9.3b，这一特征与 mRNA 在翻译位点附近的分布一致。高 GC 片段的分布在 AUG 两侧没有明显变化，但在 AUG 附近仍存在一个极小值分布，见图 9.3c，这表明内含子与 AUG 周围序列的相互作用对 AUG 位点是敏感的，最佳匹配区域要避开 AUG 区域，或者说翻译起始区域与 AUG 最佳匹配片段之间存在协作关系。

9.3.3　翻译终止区域的最佳匹配频率分布

　　基于同样的统计分析过程，得到了编码基因上所有内含子与翻译终止位点（UAA）附近序列上的相对匹配频率分布，见图 9.4。

　　同样，图中 ±30bp 之外是边界效应影响区域，不予考虑。从图 9.4a 的分布结果发现匹配频率分布在 UAA 处存在跃变。低 GC 片段的匹配强度在 UAA 上游很低，在 UAA 下游逐步增强，在 −25～25bp，匹配强度逐步增加，见图 9.4b，这一特征与 mRNA 序列 3' 端序列的分布一致。高 GC 片段的匹配强度与低 GC 片段的分布正好相反，在 −25～25bp，匹配强度逐步下降，见图 9.4c，无论是低 GC 片段还是高 GC 片段，在 UAA 附近，这一变化趋势非常明显。以上结果表明内含子与翻译终止区域的相互作用对最佳匹配片段

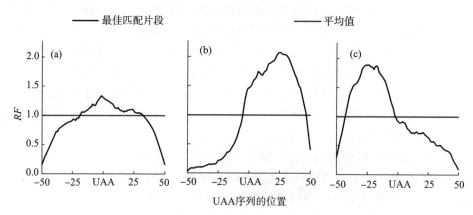

图 9.4　翻译终止序列与所有内含子相互作用的相对匹配频率分布

注：(a) 所有 GC 片段。(b) 低 GC 片段。(c) 高 GC 片段。

的序列特征具有强烈的选择性，同时反映了翻译终止区域的一种特定的序列结构。

9.3.4　外显子连接处的最佳匹配频率分布

我们知道外显子连接序列上除了连接点外，实验发现一些物种的某些编码基因在外显子连接点上游约−20bp 处存在一个外显子连接复合物 EJC 结合区域[142-145]。我们前期的研究发现[36]，一些物种的核糖核蛋白基因在外显子交接处上游 20bp 左右存在相对匹配频率较低的区域，这正是实验报道的 EJC 结合区域。有些物种在该处并未显示出低的相对匹配频率。由此我们提出了内含子、EJC 与 mRNA 序列结合的竞争和协作机制。为了进一步探讨最佳匹配片段的序列特征在竞争与协作关系中的作用，我们选取了 4 个 EJC 痕迹比较明显的物种进行分析，分别是线虫、拟南芥、鬼伞菌和粟酒裂殖酵母的核糖核蛋白基因。将所有的外显子连接序列与该连接处的内含子进行比对，得到最佳匹配片段在外显子连接序列上匹配频率分布，见图 9.5a。图中结果显示相对匹配频率分布对外显子的边界是敏感的，在外显子连接处上游存在一个极大值区域，随后匹配强度单调下降，并且在外显子连接点上游 20bp 左右存在一个匹配强度的极小值区域，这正是实验上给出的 EJC 结合区域。这表明对这些物种而言，最佳匹配片段与 EJC 之间总体上是以协作为主的关系。下面我们按照最佳匹配片段的序列特征进行分类。第一种分类是将最佳匹配片段分为高 GC 和低 GC 片段，第二种分类是将最佳匹配片段分为短片段（小于 20bp）和长片段（大于 20bp）。得到的相对匹配频率分布见图 9.5b 和图 9.5c。可以发现，低 GC 片段在 EJC 区域出现明显的极小值，而高 GC 片段则没有显示出这一特征。短片段在 EJC 区域出现的极小值分布更加明显，长片段在 EJC 区域没有这个特征。这表明低 GC 和短的最佳匹配片段与 EJC 之间是以协作为主的关系，而高 GC 和长的最佳匹配片段与 EJC 之间是以竞争为主的关系。

其他物种核糖核蛋白基因外显子连接序列上的相对匹配频率分布中没有显示出明显的 EJC 结合区域特征，并不能说明 EJC 结合区域不存在。我们认为这些物种中内含子和 EJC 之间协作关系较弱，竞争关系显著而造成的。关于 EJC 结合区域的普适性分析是值得深入研究的。

DNA 序列经过长期的进化形成了不同碱基之间的有序排列，这种序排列既包含了各种序列之间的协同进化关系，又包含了它们与蛋白质之间的作用信息，有时这些信息仅通过序列分析是显示不出的。对 EJC 的结合信息而言，只有通过分析内含子、EJC 和外显子三者之间作用的网络关系或他们之间的竞争与协作关系才能显现出来。因此我们的分析方法为研究 DNA 与 DNA 之间以及 DNA 与蛋白质之间的相互作用提供了新的思路。对于研究 mRNA 上蛋白结合区域是有效的。

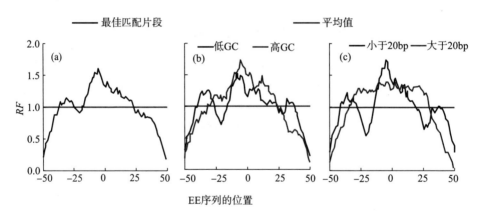

图 9.5　线虫、拟南芥、鬼伞菌和粟酒裂殖酵母外显子
连接序列和它们之间的内含子序列局域比对的相对频率分布

注：$RF=1$ 代表理论相对匹配频率的平均值。(a) 整个 GC 含量区域的相对匹配频率的分布。(b) 高 GC 片段和低 GC 片段的相对匹配频率。(c) 长片段和短片段的相对匹配频率。

在分析 27 个物种外显子连接序列上相对匹配频率分布时发现，一些物种在外显子连接处下游存在显著的低匹配区域，我们选取了该区域特征显著的 4 个物种中的核糖核蛋白基因进行分析。这 4 个物种是恶性疟原虫、稻瘟病菌、禾谷镰刀菌和刚地弓形虫，它们的最佳匹配片段在外显子连接序列上相对匹配频率分布见图 9.6。从图中发现在外显子交接位点下游 0～25bp 存在一个很低的分布区域。同样对最佳匹配片段按照 GC 含量和长度进行分类，结果发现，这一低匹配强度区域与最佳匹配片段的 GC 含量和长度均无关，见图 9.6b 和图 9.6c。只是短片段的相对匹配频率分布在 EJC 区域也显示了低匹配的特点，再一次支持了 EJC 结合区域具有普适性的观点。

　　按照内含子与结合蛋白存在协作和竞争的观点，我们认为外显子交接位点下游 0～25bp 的这一低匹配区域是一个蛋白（或蛋白复合体）的结合区域。这一结合区域的存在与最佳匹配片段的序列特征无明显关系。对这 4 个物种而言，表明该区域上内含子与结合蛋白之间的协作关系占主导地位。我们不知道这个区域结合的是何种蛋白或蛋白复合体，期望实验学家的验证。

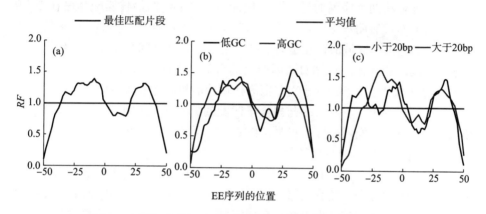

图 9.6　恶性疟原虫、稻瘟病菌、禾谷镰刀菌和刚地弓形虫
外显子连接序列和它们之间的内含子序列局域比对的相对频率分布

　　注：(a) 整个 GC 含量区域的相对匹配频率的分布。(b) 高 GC 片段和低 GC 片段的相对匹配频率。(c) 长片段和短片段的相对匹配频率。

9.4　结果与讨论

　　剪切后的内含子对基因的表达调控过程仍发挥着重要的作用，我们发现内含子通过与相应 mRNA 的相互作用来实现这些功能，它是内含子参与这些过程的重要途径之一。采用 Smith-Waterman 算法进行局域比对，获得内含子序列和基因序列之间的最佳匹配片段。分析 27 个物种核糖核蛋白基因 mRNA 序列上和内含子序列上最佳匹配区域分布的规律性。在 mRNA 序列上，UTR 区域与内含子存在较强的相互作用。在编码序列上存在多个最佳匹配区域和低配区域，推测这些低配区域可能是蛋白复合体的结合区域。在 mRNA 功能位点附近，如翻译起始位点、翻译终止位点、外显子连接位点及 EJC 区域，最佳匹配频率分布有明显的不同。结论表明内含子序列与成熟 mRNA 序列或编码序列存在协同进化，通过相互作用完成应有的功能。

在 mRNA 序列上，最佳匹配区域分布呈两端非编码序列区域（UTR）高，中间编码序列区域（CDS）低。内含子偏好与 UTR 区相互作用，尤其是 5'UTR。低 GC 片段的匹配强度在 5'UTR 区更高，在编码区更低。我们认为内含子与 mRNA 之间的相互作用主要是以弱键为主，即 AU 匹配，但还兼顾了高 GC 的匹配。但为什么在基因序列进化中选择 UTR 和内含子的 GC 含量接近，而与编码序列的 GC 含量却有较明显的差异呢？我们认为，为了保证内含子与 UTR 序列之间建立较强相互作用并通过这类作用达到对基因的调控这一目的，才使这两类序列的进化具有趋同性。高 GC 的最佳匹配片段在 UTR 和编码区分布没有明显差别，说明在内含子序列上还存在一些高 GC 区域。我们认为，这些 GC 区域的存在是为了搭建这三类序列之间相互作用的桥梁，通过他们之间的相互作用达到对基因调控的目的。因此，深入研究 mRNA 上匹配强度的分布对于了解内含子对基因表达调控的机制是非常重要的。

在编码序列上，存在许多与内含子匹配的偏好区域和非偏好区域，高 GC 和低 GC 片段的匹配强度分布有明显特征，其原因尚不清楚。我们认为匹配偏好区域与编码序列上的蛋白结合因子有关。这些蛋白因子可能涉及 mRNA 出核、蛋白质翻译等生命过程。内含子和结合蛋白能否在编码序列某处结合，取决于他们之间的竞争与协作关系。高 GC 和低 GC 片段在编码序列上存在很强的匹配偏好，表明已经为结合蛋白预留了结合位置，这类内含子与结合蛋白之间是协作关系。多数的中等 GC 片段在编码序列上没有明显偏好，表明此时内含子与结合蛋白是竞争关系。谁能结合上去则取决于基因的特定环境。另外，我们认为内含子结合到编码序列上有如下优势：第一，内含子重塑 mRNA 的结构阻止不需要的结合因子与编码序列在最佳匹配区域结合，内含子这种行为有利于 mRNA 的出核。第二，最佳匹配区域的存在会形成内含子与结合因子竞争关系，这有利于调节 mRNA 出核速率。第三，如果内含子协助 mRNA 出核，则在细胞质中必须有内含子存在。现有的研究已在细胞质中发现存在内含子，并指出细胞质中的内含子就像蛋白因子一样能调控 mRNA 翻译效率。我们认为当 mRNA 被输运到细胞质中，有一些内含子仍保留在编码序列上，通过调节 mRNA 的结构来调整 mRNA 的翻译效率。

在外显子连接序列上，对有 EJC 痕迹的 4 个物种进行分析，发现在 EJC 结合区域出现明显的 *RF* 极小值分布，我们认为内含子和 EJC 与编码序列的作用存在较明显的相互协作的因素。而对于在外显子交接位点下游 0～25bp 存在较低匹配频率分布的 4 个物种进行分析，发现其短片段的分布，在 EJC 结合区域也出现的 *RF* 极小值分布，说明在 EJC 区域和一些蛋白因子结合位点有意避开短片段，这应该是识别 EJC 结合区域和一些蛋白因子结合位点的一个重要特征。我们发现，低匹配区域有固定的位置，暗示了外显子连接处的选择或外显子长度不是随机的，而是有特殊的生物学意义。

内含子可能在维持其基因组正常运转的工程中发挥着关键的调控作用。我们的结果显示基因的表达调控是由 mRNA、内含子和结合蛋白因子三者之间形成的网络调控关系决定的。通过内含子和结合蛋白的调控决定 mRNA 的高级结构、协助 mRNA 出核、调节 mRNA 翻译等过程。

第十章　内含子与其相应 mRNA 序列
　　　相互作用的普适性分析

在第九章的讨论中，主要以一些低等真核生物的核糖核蛋白基因为样本进行分析。选取这些基因的优点是不同生物核糖核蛋白基因的序列及功能具有保守性，基因中内含子数目不多，且内含子长度差别相对较小，容易体现内含子与其相应编码序列相互作用的共同性质。不足之处是基因样本数量偏少，仅讨论内含子与编码序列的相互作用是不充分的，因为主体是 mRNA。因此本章将低等模式生物扩展到高等真核生物，将基因样本扩展到整个染色体中的基因，分析整个 mRNA 与内含子的相互作用特征的普适性质。本章共选取了 9 种生物第一条染色体上的全部 mRNA 进行分析，相关数据见表 10.1。

表 10.1　9 种真核生物基因

单位：个

真核生物	染色体	基因数量	内含子数量
秀丽线虫	I	956	4 052
黑腹果蝇	I	1 322	3 846
意大利蜜蜂	I	439	2 894
冈比亚按蚊	I	2 238	7 919
拟南芥	I	3 311	16 822
水稻	I	594	2 905
斑马鱼	I	1 005	8 563
小鼠	I	1 126	10 117
人类	I	1 194	9 265

10.1　数据集

从北京大学 Genbank 镜像网（ftp：//ftp. cbi. pku. edu. cn/pub/database/genomes）下载了秀丽线虫（*Caenorhabditis elegans*，*C. elegans*），黑腹果蝇（*Drosophila melanogaster*，*D. melanogaster*），意大利蜜蜂（*Apis mellifera*，*A. mellifera*），冈比亚按蚊（*Anopheles gambiae*，*A. gambiae*），拟南芥（*Arabidopsis thaliana*，*A. thaliana*），水稻（*Oryza sativa*，*O. sativa*），斑马

鱼（*Danio rerio*，*D. rerio*），小鼠（*Mus musculus*，*M. musculus*）和人类（*Homo sapiens*，*H. sapiens*）的第一条染色体。为提高统计分布的可信度，首先选取只含有一个 mRNA 和 CDS 的基因，其次将含有 ncRNA、重复元件等非剪接功能的基因剔除，最终获得我们的分析样本，结果见表 10.1。

10.2　mRNA 的最佳匹配频率分布

以 mRNA 为测试序列，其相应内含子序列为比对序列，进行局域比对分析，使用 Smith-Waterman 局域比对方法得到了 9 种模式生物 mRNA 序列上相对匹配频率的分布，结果见图 10.1。

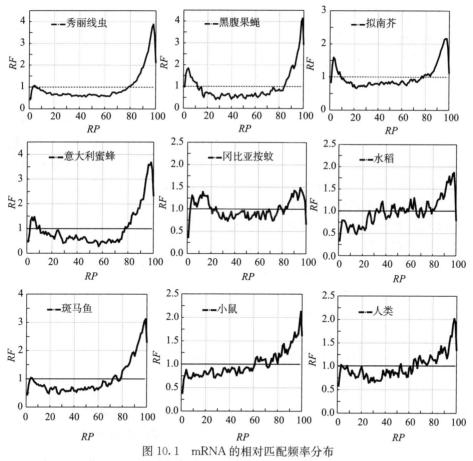

图 10.1　mRNA 的相对匹配频率分布

注：横坐标为 mRNA 序列的相对位置，纵坐标为 mRNA 的相对频率。*RF* =1 代表理论相对匹配频率的平均值。

结果显示，9 种模式生物 mRNA 序列上相对匹配频率分布非常相似，也就是说内含子与 mRNA 序列的相互作用模式具有很好的普适性。它们的分布特点是：两个 UTR 区域的相对匹配频率很高，而中部蛋白质编码序列的匹配程度相对较低；3'UTR 的相对匹配频率分布最显著地高于 5'UTR 的，这表明剪接后内含子与相应 mRNA 的 3'UTR 相互作用概率最高。我们推测剪接后内含子的功能与 NMD 有关。高等生物的 mRNA 序列上的匹配频率分布与低等真核生物的有略微差异，相较于高等生物，低等生物编码序列与 UTR 区域的分布差异更加明显，这表明内含子与高等生物 mRNA 的相互作用模式更加复杂。

尽管 9 种模式生物的 mRNA 序列上匹配频率分布非常相似，但其峰区分布和峰值略有不同（图 10.1）。线虫 mRNA 序列上的匹配频率分布的峰值主要在其 5'端 3%～8%和 3'端 80%～98%的范围，它的峰值分别约为 1.1 和 3.9。果蝇的峰值主要分布在 mRNA 序列的 5'端 2%～10%和 3'端 85%～99%的范围，它的峰值分别约为 1.8 和 4.2。拟南芥的峰值主要分布在 mRNA 序列的 5'端 2%～10%和 3'端 85%～98%的范围，它的峰值分别约为 1.6 和 2.3。蜜蜂的分布峰值主要在 mRNA 序列的 5'端 2%～10%和 3'端 80%～98%的范围，它的峰值分别约为 1.5 和 3.7。蚊子的峰值主要分布在 mRNA 序列的 5'端 2%～20%和 3'端 82%～98%的范围，它的峰值均约为 1.4。水稻的峰值主要分布在 mRNA 序列的 3'端 80%～98%的范围，它的峰值约为 1.8。斑马鱼的峰值主要分布在 mRNA 序列的 5'端 5%～8%和 3'端 78%～99%的范围，它的峰值分别约为 1.1 和 3.1。小鼠的峰值主要分布在 mRNA 序列的 3'端 80%～99%的范围，它的峰值约为 2.2。人类的峰值主要分布在 mRNA 序列的 5'端 5%～10%和 3'端 62%～99%的范围，它的峰值分别约为 1.1 和 2.0。这些事实表明了内含子非常偏好与其相应 mRNA 的相互作用。我们也获得了线虫核糖核蛋白基因 mRNA 与内含子的最佳匹配区域分布（附图 B、D、E，附表 A），其分布与我们的结果一致。

10.3　功能位点附近的最佳匹配频率分布

翻译起始位点、翻译终止位点以及外显子连接处对基因的正常表达具有不可替代的作用，了解这些功能位点附近的最佳匹配区域分布具有重要的意义。我们把每条含有 UTR 基因的功能位点周围与内含子的最佳匹配片段分离出来，以这些功能位点为坐标原点，统计其最佳匹配区域分布规律。这些功能位点是翻译起始位点，翻译终止位点，第一外显子与第二外显子的连接处（第一外显子连接处），最后外显子与倒数第二外显子连接处（最后外显子连接处）

和中间连接处。

10.3.1　翻译起始位点的最佳匹配频率分布

分析 9 种模式生物翻译起始位点的最佳匹配频率分布发现，最佳匹配频率分布在这 9 种模式生物中呈现出高度的一致性或普适性。翻译起始位点附近序列的匹配频率以翻译起始位点为界发生了显著的改变，具体表现在翻译起始位点左侧的 UTR 区域与相应内含子的相对匹配频率普遍比较高，该分布特征与 mRNA 序列上 5' 端的最佳匹配频率吻合得非常好。相比于短内含子，内含子与长内含子的最佳匹配区域分布趋势一致，短内含子的最佳匹配区域分布差异较大，但有些分布非常特殊，可能有重要意义，值得深入研究。

尽管 9 种模式生物翻译起始位点侧翼的最佳匹配区域分布非常相似，但其峰区分布和峰值略有不同（图 10.2）。线虫 mRNA 序列翻译起始位点侧翼与其相应内含子的匹配主要在 −30～10bp 的范围，它的峰值约为 1.4。果蝇 mRNA 序列的匹配主要在 −30～5bp 的范围，它的峰值约为 2.0。拟南芥的匹配主要在 −30～10bp 的范围，它的峰值约为 1.5。蜜蜂的匹配主要在约 −10bp 左侧的范围内，它的峰值约为 2.0。蚊子的匹配主要在约 15bp 左侧的范围内，它的峰值约为 1.9。水稻的匹配主要在约 −20bp 左侧的范围内，它的峰值约为 1.2。斑马的匹配主要在约 −30 左侧的范围，它的峰值约为 1.1。小鼠无明显的匹配区域。人类的匹配主要在 −45～−10bp，它的峰值约为 1.3。这些事实表明了内含子与其相应 mRNA 的翻译起始位点侧翼确实存在相互作用。

10.3.2　翻译终止位点的最佳匹配频率分布

分析 9 种模式生物翻译终止位点的最佳匹配频率分布发现，这 9 种模式生物同样呈现出高度的一致性或普适性。翻译终止位点的两侧匹配频率发生显著的改变，即翻译终止位点右侧的 UTR 与相应内含子的相对匹配频率普遍比较高，该分布特征与 mRNA 序列上 3' 端的最佳匹配频率吻合得非常好。内含子与长内含子的最佳匹配区域分布趋势一致，短内含子的最佳匹配区域分布差异较大。上述分布特征，与 9 种模式生物在翻译起始位点的最佳匹配区域分布类似。

同样，9 种模式生物翻译终止位点侧翼的最佳匹配区域分布虽然非常相似，但其峰区分布和峰值仍然略有不同（图 10.3）。线虫 mRNA 翻译终止位点侧翼与其相应内含子的匹配主要在约 −20bp 右侧的范围，它的峰值约为 4.5。果蝇 mR-NA 序列的匹配主要在约 −10bp 右侧的范围，它的峰值约为 3.3。拟南芥的匹配主要在约 −20bp 右侧的范围，它的峰值约为 1.8。蜜蜂的匹配主要在约 −20bp 右侧的范围，它的峰值约为 4.6。蚊子的匹配主要在约 −15bp 右侧的范围，它的峰值约为 1.8。水稻的匹配主要在 −30～60bp 的范围，它的峰值约为 1.6。斑马

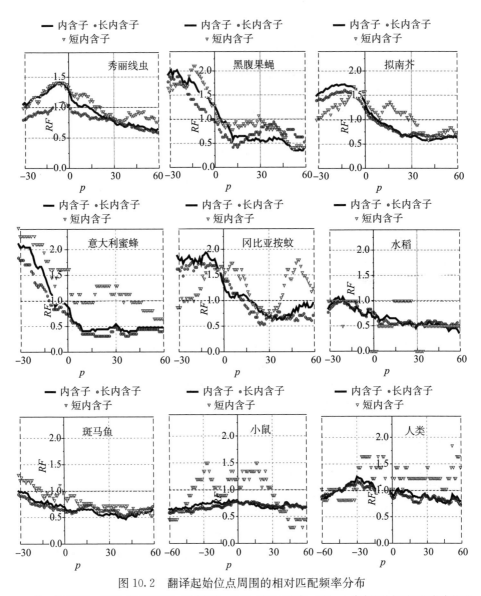

图 10.2　翻译起始位点周围的相对匹配频率分布

注：横坐标为 mRNA 序列的位置，纵坐标为 mRNA 的相对频率。$RF = 1$ 代表理论相对匹配频率的平均值。

鱼的匹配主要在约 -18bp 右侧的范围，它的峰值约为 2.6。小鼠的匹配主要在约 10bp 右侧的范围，它的峰值约为 1.5。人类翻译终止位点侧翼与其相应内含子的匹配主要在约 16bp 右侧的范围，它的峰值约为 1.8。这些事实反映出内含子与其相应 mRNA 的翻译终止位点侧翼确实也存在相互作用。

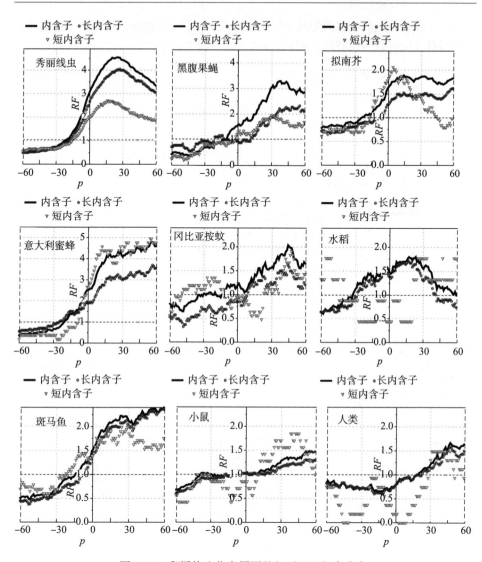

图 10.3　翻译终止位点周围的相对匹配频率分布

注：横坐标为 mRNA 序列的位置，纵坐标为 mRNA 的相对频率。$RF = 1$ 代表理论相对匹配频率的平均值。

10.3.3　第一外显子连接处的最佳匹配频率分布

如图 10.4 所示，可发现蜜蜂、线虫、蚊子、斑马鱼和果蝇的第一外显子连接处周围的最佳匹配区域分布非常相似，呈现出连接位点左侧的相对匹配频率比右侧的高，具有很好的普适性。拟南芥、水稻和人类的第一外显子连接处周围的最佳匹配区域分布表现出右侧的相对匹配频率高于左侧的特征，小鼠的相对匹配频率在第一外显子连接位点的左右两侧基本持平。虽然 9 种模式生物在第一外显子连接处周围的最佳匹配区域分布有部分差异，但是在一些物种间仍然有一定的普适性。

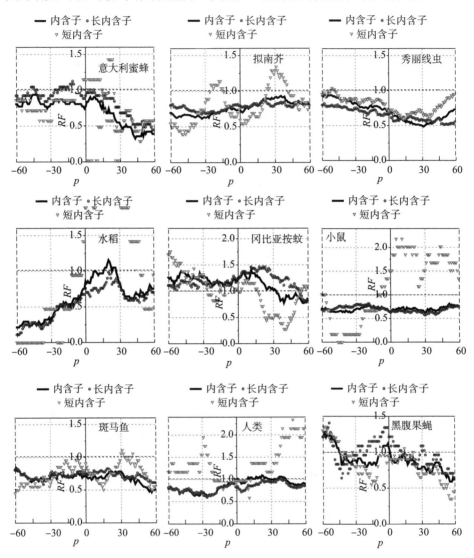

图 10.4　第一外显子连接处周围的相对匹配频率分布

注：横坐标为 mRNA 序列的位置，纵坐标为 mRNA 的相对频率。$RF = 1$ 代表理论相对匹配频率的平均值。

10.3.4　最后外显子连接处的最佳匹配频率分布

分析图 10.5 的最佳匹配频率分布发现，9 种模式生物的最后外显子连接处周围的最佳匹配频率分布非常相似，也就是在这 9 种模式生物中最后外显子连接处侧翼与相应内含子的相互作用具有很好的普适性。它具体表现在最后外显子连接处侧翼与相应内含子的相对匹配频率普遍比较低，该分布特征与 mRNA 序列中部 CDS 区域的匹配特征吻合得非常好。

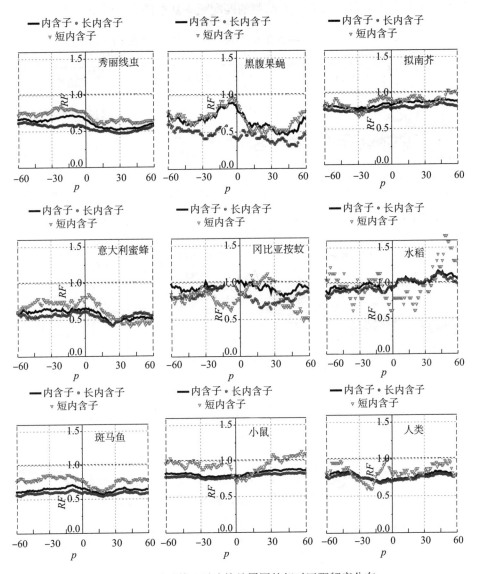

图 10.5　最后外显子连接处周围的相对匹配频率分布

注：横坐标为 mRNA 序列的位置，纵坐标为 mRNA 的相对频率。$RF=1$ 代表理论相对匹配频率的平均值。

10.3.5 中间外显子连接处的最佳匹配频率分布

中间外显子连接处周围的最佳匹配区域分布在 9 种模式生物中也基本相似，具有普适性。具体表现在中间外显子连接处侧翼与相应内含子的相对匹配频率普遍比较低，且连接点左右两侧的匹配频率基本持平（图 10.6）。

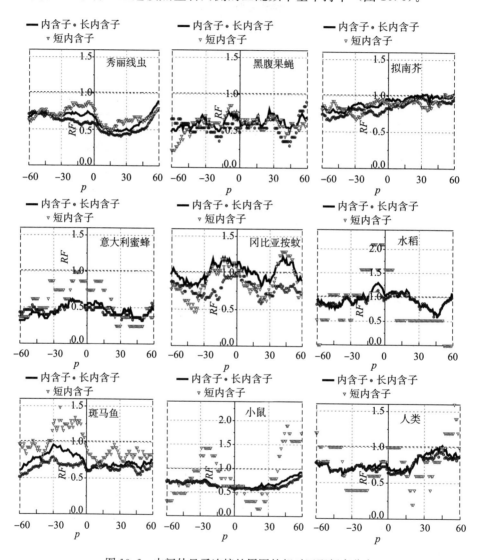

图 10.6　中间外显子连接处周围的相对匹配频率分布

注：横坐标为 mRNA 序列的位置，纵坐标为 mRNA 的相对频率。$RF=1$ 代表理论相对匹配频率的平均值。

10.4 内含子最佳匹配片段的序列特征

在研究内含子与相应编码序列的相互作用时，分析最佳匹配片段的序列特征具有重要意义。

10.4.1 配对率和长度分布

通过 Smith-Waterman 局域比对方法得到每类模式生物内含子与其相应 mRNA 的最佳匹配片段，并研究内含子与相应 mRNA 的内含子最佳匹配片段序列配对率和序列长度分布，结果见图 10.7 和图 10.8。

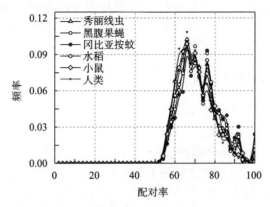

图 10.7 不同物种内含子最佳匹配片段的配对率分布

注：横坐标为内含子最佳匹配片段配对率，纵坐标为内含子最佳匹配片段频率。

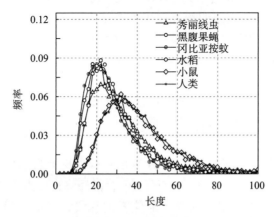

图 10.8 不同物种内含子最佳匹配片段的长度分布

注：横坐标为内含子最佳匹配片段长度，纵坐标为内含子最佳匹配片段频率。

从低等真核生物到高等真核生物，最佳匹配片段的配对率分布高度一致，绝大部分最佳匹配片段序列的配对率在 60%～80% 波动，分布显示出几个清晰且保守的峰值，约在 68% 处有一个清晰的极大峰值，在约 75% 处有一个明显的次极大峰值，随后又有几个离散的峰值并逐渐减小（图 10.7）。

这暗示内含子与相应 mRNA 的最佳匹配片段序列有严格的"量子态"，可能每一个"量子态"就是内含子调控基因表达的一类模式群。这种分布从低等真核生物到高等真核生物具有普适性毋庸置疑。不论低等还是高等真核生物，内含子与相应 mRNA 的最佳匹配片段序列长度分布均有一个最明显的峰，但低等真核生物与高等真核生物的最可几值不同，低等真核生物的最可几值约 20bp，而高等真核生物的约 30bp，这些结果表明了高低等真核生物内含子调控基因表达模式复杂程度可能有很大的差异。与 siRNA 和 miRNA 相比，内含子与相应 mRNA 的最佳匹配片段序列似乎对基因表达有积极的意义。

10.4.2 GC 含量和 D_2 值

mRNA 序列的 UTR 区域偏好与内含子相互作用，CDS 区域则与内含子的匹配程度较低，这可能是最佳匹配片段的序列特征与 UTR 的特征较为相似导致的。我们通过分析最佳匹配片段、CDS、3'UTR 和 5'UTR 的 GC 含量和二阶信息冗余 D_2，讨论序列之间的关联。其结果见图 10.9 和表 10.2。我们分析了 6 种模式生物中编码序列、3'UTR、5'UTR 和内含子序列上的最佳匹配片段 GC 含量分布，发现不同序列 GC 含量的分布中心不同，但最佳匹配片段的 GC 含量表现出特殊的分布形式：首先 GC 含量的分布中心均低于其他三类；其次 GC 含量的分布范围非常广泛，几乎覆盖了其他序列的分布。这表明内含子与 mRNA 序列之间的相互作用主要是以弱键结合为主，即 AT 匹配，但还兼顾了高 GC 的匹配。6 种模式生物内含子最佳匹配片段的平均 GC 含量与 3'UTR 的最接近，线虫、果蝇、蚊子和人类的最佳匹配片段中，3'UTR、5'UTR 和 CDS 的平均 GC 含量逐渐升高；水稻和小鼠的最佳匹配片段中，3'UTR、CDS、5'UTR 平均 GC 含量逐渐升高，这就解释了 mRNA 序列的 UTR 偏好与内含子相互作用，而水稻和小鼠的 5'UTR 与内含子匹配程度较低的现象。

将每个基因的内含子与 mRNA 序列的最佳匹配片段、CDS、3'UTR（包含翻译起始位点下游 50bp）和 5'UTR（包含翻译终止位点上游 50bp）各自依次连接成一条新序列，记为内含子最佳匹配片段、CDS、3'UTR 和 5'UTR。它们的二阶信息冗余 D_2 结果见表 10.2。

比较表 10.2 中的各个 D_2 值发现，6 种模式生物内含子最佳匹配片段的 D_2

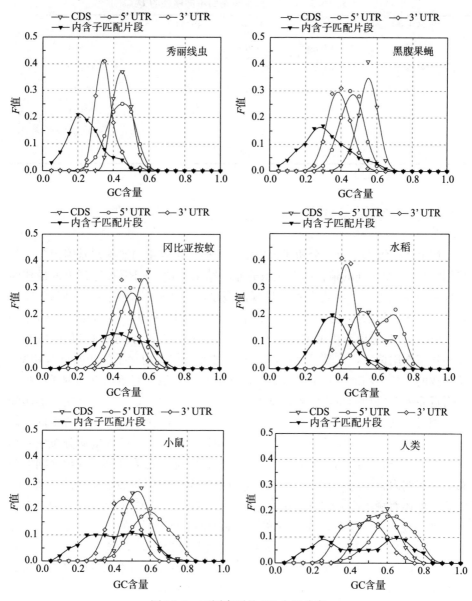

图 10.9 不同序列的 GC 含量分布

值与 3'UTR 的最接近，即序列的保守程度较为接近，这和内含子最佳匹配片段的 GC 含量分析结果一致，共同揭示了内含子与 mRNA 序列上不同区域的匹配频率偏好。

表 10.2　6 种真核生物基因不同序列的 D_2

真核生物	CDS	5'UTR	3'UTR	内含子匹配片段
秀丽线虫	0.029	0.032	0.320	0.066
黑腹果蝇	0.015	0.023	0.009	0.010
冈比亚按蚊	0.014	0.025	0.010	0.011
水稻	0.016	0.015	0.015	0.011
小鼠	0.042	0.031	0.040	0.046
人类	0.041	0.028	0.043	0.063

10.5　结果与讨论

在全基因组水平上，分析了人类等 9 个模式生物蛋白质编码基因内含子与其相应 mRNA 序列的最佳匹配区域分布。结果发现，mRNA 序列上的最佳匹配频率分布在这 9 个模式生物中呈现出高度的一致性或普适性。mRNA 序列非翻译区域（UTR）出现的匹配峰值，在 3'UTR 区域尤为明显，编码序列（CDS）中的匹配频率相对较低，表明内含子与 mRNA 序列的 UTR 区域有最强的相互作用偏好，尤其是 3'UTR，这可能是剪接后内含子的功能与 NMD 有关导致的。各个功能位点的最佳匹配区域分布中，翻译起始位点和翻译终止位点附近序列上以功能位点为界匹配频率发生显著的改变，外显子连接处的匹配频率相对较低。序列特征的结果显示，不同序列 GC 含量的分布中心不同，但最佳匹配片段的 GC 含量表现出特殊的分布形式：首先 GC 含量的分布中心均低于其他三类；其次 GC 含量的分布范围非常广泛，几乎覆盖了其他序列的分布。这表明内含子与 mRNA 序列之间的相互作用主要是以弱键为主，即 AT匹配，但还兼顾了高 GC 的匹配。另外，6 个物种的最佳匹配片段的配对率分布高度一致，主要分布在 $60\%\sim80\%$，最佳匹配片段长度分布的最可几值在低等真核生物中约为 20bp，在高等真核生物中约为 30bp，这些结论与在核糖核蛋白基因中得到的结果是一致的，并且在配对率分布图中的一些峰值对所有生物是保守的，揭示了最佳匹配片段构成的内在机制。

第十一章 总结与展望

11.1 工作总结

随着许多模式生物全基因组测序工作的完成，目前已获得了大量的序列信息，通过分析这些序列发现在整个序列中编码序列只占很小的部分，绝大部分是 ncRNA，而这些 ncRNA 所蕴含的生物学信息和具有的生物学功能还很少为人知晓。内含子序列是一类很特别的 ncRNA 转录本，它随着基因一起转录，转录共剪接形成成熟 mRNA 后，内含子就与 mRNA 脱离。按照对 ncRNA 生物功能的理解，剪切后的内含子肯定还承担了它们应有的生物功能。最新研究表明除内含子缺失/获得能影响到 mRNA 新陈代谢的很多阶段外，剪切后内含子能促进逆境下细胞生存等。我们认为内含子在发挥生物学功能的过程中，需要与相应序列发生相互作用。基于这一思路，本书研究了内含子与其相应编码序列或 mRNA 的相互作用规律，并对其机制性的问题进行了探讨。主要研究内容如下：

（1）首先分析了线虫核糖核蛋白基因内含子与相应编码序列之间的最佳匹配区域在内含子序列上的分布。结果发现，内含子中部非保守区域与编码序列有较高的匹配频率而两端剪接区域与编码序列的匹配程度较低；短内含子与编码序列有一个最佳匹配区域而长内含子有两个最佳匹配区域；第一内含子、中间内含子和最后内含子组的最佳匹配频率分布是存在差异的。长内含子前一个最佳匹配区域序列的 D_2 值最大，甚至超过了编码序列，后一个区域序列的 D_2 值最小。短内含子最佳匹配区域序列的 D_2 值与编码序列的相似。结果表明内含子中部非保守序列是一类有组织的序列，也揭示了内含子与其编码序列是存在相互作用的。

（2）在上述结果的基础上，结合秀丽隐杆线虫，增加了酿酒酵母、解脂耶氏酵母、粟酒裂殖酵母、黑腹果蝇，对以上五种低等真核生物进行了分析，其中，酵母、线虫和果蝇核糖核蛋白基因内含子与相应编码序列的最佳匹配频率在编码序列上的分布结果显示，在编码序列上有多个最佳匹配区域和禁配区域。与组分约束下的随机序列和匹配频率的平均值相比，这些最佳匹配区域和禁配区域的特征非常显著。坐落在编码序列长度的约 10% 和 80% 处的两个禁配区域是非常保守的。我们认为这些禁配区域是一些蛋白因子的特异结合区域，值得深入研究。

（3）为了揭示这些禁配区域是一些蛋白因子的特异结合区域，我们选用了外显子连接序列与相应内含子序列的最佳匹配片段，分析了外显子连接序列上的 F 值分布。发现：①连接点两侧匹配频率分布有明显的差异，显示出了外显子的边界。最佳匹配片段的平均长度和配对率分布与 siRNA 和 miRNA 的结合特征相同。②第一内含子和长内含子在外显子连接序列上的分布偏好与其他内含子有明显区别。③对第一内含子和长内含子而言，高 GC 含量、富含 CG 和高 λ_{CG} 值的最佳匹配片段在外显子连接序列上表现出明显的偏置，在外显子上游 EJC 结合区域的匹配频率出现极小值分布。结果表明：EJC 和内含子在与外显子序列结合的过程中存在相互竞争和相互协作的关系，内含子序列与编码序列是协同进化的，通过相互作用完成应有的功能。

（4）在前期工作的基础上，我们将研究对象扩展为秀丽隐杆线虫基因组的全部编码基因序列，基于改进后的 Smith-Waterman 局域比对方法，获得内含子序列和相应成熟 mRNA 序列之间的最佳匹配片段（SW 方法），得到 mRNA 序列上相对匹配频率（RF）的分布。发现 mRNA 序列上匹配频率分布具有明显的偏好性，两端的 UTR 区域呈现出强的偏好区域，特别是 3'UTR 的强偏好极其显著。将内含子按照长度分类后，发现短内含子偏好作用在 5'UTR 区域和 CDS 区域，长内含子偏好作用在 3'UTR 区域。内含子更加偏好作用在外显子连接位点上游区域，短内含子的作用差异更加明显。

最佳匹配片段的配对率主要集中在 60%～80% 的范围，最佳匹配片段的长度主要分布在 20～30bp 的范围。这表明，内含子序列与其相应 mRNA 的相互作用是一类弱 RNA-RNA 相互作用。另外，我们还发现存在极少量的配对率为 100% 的最佳匹配片段，但这些片段的长度不超过 14bp。这说明内含子与 mRNA 序列协同进化过程中，有意避开了 RNA 干涉模式，采取了类似于 miRNA 的调节模式。从这一点可以印证内含子与 mRNA 之间存在的相互作用是客观存在的。此外，我们又探讨了其他基因的内含子与 mRNA 序列之间的局域比对，发现在 mRNA 序列上的 5'UTR 和 3'UTR 区域仍存在匹配偏好，但匹配强度明显低于基因内部内含子和相应 mRNA 的相互作用，说明 mRNA 序列与其他基因内含子的相互作用是存在的。

书中的研究结果几乎都是基于改进后的 Smith-Waterman 局域比对方法（SW 方法）获得的，第七章我们对比对方法进行了扩展，分别采用结合自由能加权局域比对方法（BFE 方法）和新对称相对熵局域进化关联比对方法（NSRE 方法）获得剪切后内含子与其相应 mRNA 序列之间的最佳匹配片段和 mRNA 上及功能位点附近的相对匹配频率分布。研究表明，采用 BFE 方法得到 mRNA 序列上的相对匹配频率分布与 SW 方法得到的分布规律相似，而采用 NSRE 方法得到的相对进化关联频率在 mRNA 两端仍出现明显的偏好分布，但在 5' 端的相互作用强度要明显高于 SW 方法和 BFE 方法中 5' 端的相互作用强度，3' 端的相互作用强度要低于其他两种方法的结果。另外，强的偏好分布区域与其他两种方法得到的偏好区域不同。在 AUG 区域，显著的强相互作用分布出现在 SW 方法和 BFE 方法中 5'UTR 区域相对匹配频率偏好区域的上游。在 UAA 区域，显著的强相互作用分布更加靠近 UAA 位点，也在 UAA 区域相对匹配频率偏好分布的前端。结果显示，碱基匹配是内含子与 mRNA 序列之间相互作用的一种形式，片段的进化关联应该是另外一种关联模式。

SW 方法中的最可几长度是 23bp，在 BFE 方法中最可几长度增加到 36bp，最佳进化关联片段的长度分布具有明显的特征，它的分布保守性相比特别强，NSRE 方法中的大多数最佳进化关联片段的长度在 16bp 左右，这一点与 SW 方法和 BFE 方法中的长度分布不一样。最佳匹配片段 G+C 含量的分布范围仍然很广，SW 方法中的最可几 G+C 含量是 0.2，在 BFE 方法中最可几 G+C 含量增加到 0.25，NSRE 方法的最佳进化关联片段的 G+C 含量分布与 BFE 方法中最佳匹配片段 G+C 含量分布相近，G+C 含量明显高于 SW 方法中相应的结果。BFE 方法中最佳匹配片段的碱基关联仍然很强，但略低于 SW 方法中的 D_2 值，再次表明最佳匹配片段是一类特殊的序列片段，具有很高的结构组织性或具有很强的序结构。但是最佳进化关联片段的碱基关联强度（D_2 值）与其他类型的序列相近，没有显示出强关联特征，暗示这类相互作用模式（进化关联）以短片段为主，其序列的序结构没有特殊性。

基于改进后的 Smith-Waterman 局域比对方法，研究对象为 27 个物种的核糖核蛋白基因，我们对内含子序列不做统一的标准化，首先，将内含子按照长度进行分组，然后与相应的 mRNA 序列进行局域比对，获得最佳匹配片段在内含子序列上各个位点匹配强度分布。结果表明，随着内含子序列长度的增加，内含子序列上的分布逐渐由一个峰过渡到两个峰甚至多个峰分布。内含子的 5' 区域或第一个结构单元是成熟序列，而 3' 区域是未成熟区或是正在演化的区域，内含子的长度进化进程是从 5' 端开始并向着 3' 端进行，新生单元是从内含子 3' 端一段一段加上去的，给出了内含子长度演化的一种可能的机制。内含子上的结构单元长度为 60bp，而两个结构单元间的连接序列的长度是变化的。结果表明，不同长度的内含子在调控 mRNA 序列结构方面是不同的。同时也揭示了内含子的结构和长度的进化特征。

（5）将 27 个物种的核糖核蛋白 RNA 序列与相应内含子序列进行局域比对，获得 mRNA 序列上各个位点的配对频率。然后对 mRNA 序列长度进行标准化（归一），给出 mRNA 序列上相对位点匹配强度随其长度的分布。分析各类编码序列（成熟 mRNA 序列、蛋白编码序列、外显子连接序列、5' 连接序列和 3' 连接序列）上最佳匹配区域分布的规律。我们发现，在 mRNA 序列上，UTR 区与内含子存在较强的相互作用。在编码序列上存在多个最佳匹配区域和低配区域，推测这些低配区域可能是蛋白复合体的结合区域。在 mRNA 功能位点附近，如翻译起始位点、翻译终止位点、外显子连接位点及 EJC 区域，最佳匹配频率分布有明显的不同。以上结果表明，基因的表达调控是由 mRNA、内含子和结合蛋白因子三者之间形成的网络调控关系决定的。通过内含子和结合蛋白的调控决定 mRNA 的高级结构、协助 mRNA 出核、调节 mRNA 翻译等过程。各种分析结论均支持内含子与 mRNA 之间存在相互作用的论点。

（6）在全基因组水平上，分析了人类等 9 个模式生物蛋白质编码基因的内含子与其相应 mRNA 的最佳匹配频率分布。可以发现，mRNA 序列上最佳匹配频率分布在这 9 个模式生物中呈现出高度的一致性或普适性。mRNA 非翻译区域（UTR）出现峰值分布，在 3'UTR 中尤为明显，编码序列（CDS）中的匹配频率相对较低。这表明内含子与 mRNA 的 UTR 区域有最强的相互作用偏好，尤其是 3'UTR。仔细分析了一些功能位点附近的匹配频率分布，发现翻译起始位点和翻译终止位点附近序列上以功能位点为界匹配频率发生显著的改变，外显子连接处的匹配频率相对较低。分别分析了 9 个模式生物中编码序列、3'UTR、5'UTR 和内含子序列上的最佳匹配片段 GC 含量分布。不同序列 GC 含量的分布中心不同，但最佳匹配片段的 GC 含量表现出特殊的分布形式：首先 GC 含量的分布中心均低于其他三类；其次 GC 含量的分布范围非常广泛，几乎覆盖了其他序列的分布。这表明内含子与 mRNA 之间的相互作用主要是以弱键为主，即 AT 匹配，但还兼顾了高 GC 的匹配。

我们分析了所有内含子中最佳匹配片段的序列特征。发现 9 个物种中的最佳匹配片段的配对率分布高度一致，主要分布在 60%～80%。最佳匹配片段长度分布的最可几值在低等真核生物中约为 20bp，在高等真核生物中约为 30bp。这些结论与在核糖核蛋白基因中的结果是一致的。在配对率分布中出现的一些峰值对所有生物是保守的，揭示了最佳匹配片段构成的内在机制。

总之，在线虫和果蝇编码基因上，内含子和成熟 mRNA 之间存在相互作用关系，在 mRNA 上相互作用的分布显示出基本一致的内在规律性。最佳匹配片段的序列特征显示出它们是一类特有的功能片段，与 miRNA 类似。我们认为，mRNA 与内含子之间存在的相互作用是生命演化过程中不同类型序列之间协作进化的结果，是一种发挥协作功能的积极适应性策略，反映了功能约束下的生物进化机制。

11.2　工作展望

在前期研究基础上，将基于高通量实测数据和网络共享数据，采用深度学习、人工智能等生物信息学方法和 C++等计算机语言技术，开展以下工作：

（1）从多组学、多物种的层次分析构建剪切后内含子与其相应 mRNA 的候选匹配片段筛选参数系。

（2）解析剪切后内含子和其他 ncRNA 的协同竞争结合模式，期望揭示剪切后内含子参与基因表达调控的潜在协同竞争机制。

（3）探索剪切后内含子与蛋白因子的协同调控网络途径及种间普适性，为发掘剪切后内含子及其他 ncRNA 的潜在生物学功能提供理论依据和借鉴思路。

希望今后的工作成果可为动植物分子育种、病害检测与治理、种质资源系统进化与鉴定提供新的思路和手段，也可为人类健康与疾病预防、人类疾病诊断与治愈等提供新的途径和独特视野。

参 考 文 献

[1] THE ENCODE PROJECT CONSORTIUM, et al. Identification and analysis of functional elements in 1% of the human genome by the ENCODE pilot project [J]. Nature, 2007, 447 (7146): 799-816.

[2] ZHANG Z D, PACCANARO A, FU Y, et al. Statistical analysis of the genomic distribution and correlation of regulatory elements in the ENCODE regions [J]. Genome research, 2007, 17 (6): 787-797.

[3] COMERON J M. What controls the length of noncoding DNA [J]. Current opinion in genetics & development, 2001, 11: 652-659.

[4] MATTICK J S, GAGEN M J. The evolution of controlled multitasked gene networks: the role of introns and other noncoding RNAs in the development of complex organisms [J]. Molecular biology and evolution, 2001, 18 (9): 1611-1630.

[5] NOTT A. A quantitative analysis of intron effects on mammalian gene expression [J]. RNA, 2003, 9 (5): 607-617.

[6] ROY S W. Large-scale comparison of intron positions in mammalian genes shows intron loss but no gain [J]. Proceedings of the national academy of sciences, 2003, 100 (12): 7158-7162.

[7] MARAIS G, NOUVELLET P, KEIGHTLEY P D, et al. Intron size and exon evolution in drosophila [J]. Genetics, 2005, 170 (1): 481-485.

[8] GAZAVE E, MARQUÉS-BONET T, FERNANDO O, et al. Patterns and rates of intron divergence between humans and chimpanzees [J]. Genome biology, 2007, 8 (2): R21.

[9] GERSTEIN M B, BRUCE C, ROZOWSKY J S, et al. What is a gene, post-ENCODE? History and updated definition [J]. Genome research, 2007, 17 (6): 669-681.

[10] KING D C, TAYLOR J, ZHANG Y, et al. Finding cis-regulatory elements using comparative genomics: some lessons from ENCODE data [J]. Genome research, 2007, 17 (6): 775-786.

[11] BROWN J W S, MARSHALL D F, ECHEVERRIA M. Intronic noncoding RNAs and splicing [J]. Trends in plant science, 2008, 13 (7): 335-342.

[12] DALAKOURAS A, MOSER M, ZWIEBEL M L, et al. A hairpin RNA construct residing in an intron efficiently triggered RNA-directed DNA methylation in tobacco [J]. The plant journal, 2009, 60 (5): 840-851.

[13] REBANE A, TAMME R, LAAN M, et al. A novel snoRNA (U73) is encoded within the introns of the human and mouse ribosomal protein S3a genes [J]. Gene, 1998, 210 (2): 255-263.

[14] SUNITHA S, SHIVAPRASAD P V, SUJATA K, et al. High frequency of T-DNA deletions in transgenic plants transformed with intron-containing hairpin RNA genes [J]. Plant molecular biology reporter, 2011, 30 (1): 158-167.

[15] PONJAVIC J, PONTING C P, LUNTER G. Functionality or transcriptional noise? Evidence for selection within long noncoding RNAs [J]. Genome research, 2007, 17 (5): 556-565.

[16] ROZOWSKY J S, NEWBURGER D, SAYWARD F, et al. The DART classification of unannotated transcription within the ENCODE regions: associating transcription with known and novel loci [J]. Genome research, 2007, 17 (6): 732-745.

[17] THURMAN R E, DAY N, NOBLE W S, et al. Identification of higher-order functional domains in the human ENCODE regions [J]. Genome research, 2007, 17 (6): 917-927.

[18] CHARITAL Y M, HAASTEREN G V, MASSIHA A, et al. A functional NF-κB enhancer element in the first intron contributes to the control of c-fos transcription [J]. Gene, 2009, 430 (1-2): 116-122.

[19] DUFFY A M, KELCHNER S A, WOLF P G. Conservation of selection on matK following an ancient loss of its flanking intron [J]. Gene, 2009, 438 (1-2): 17-25.

[20] FROLOV A, LILES J S, KOSSENKOV A V, et al. Epidermal growth factor receptor (EGFR) intron 1 polymorphism and clinical outcome in pancreatic adenocarcinoma [J]. The American journal of surgery, 2010, 200 (3): 398-405.

[21] MEYERS S G, CORSI A K C. Elegans twist gene expression in differentiated cell types is controlled by autoregulation through intron elements [J]. Developmental biology, 2010, 346 (2): 224-236.

[22] SINGH R K, TAPIA-SANTOS A, BEBEE T W, et al. Conserved sequences in the final intron of MDM2 are essential for the regulation of alternative splicing of MDM2 in response to stress [J]. Experimental cell research, 2009, 315 (19): 3419-3432.

[23] STOJILJKOVIC M, ZUKIC B, TOSIC N, et al. Novel transcriptional regulatory element in the phenylalanine hydroxylase gene intron 8 [J]. Molecular genetics and metabolism, 2010, 101 (1): 81-83.

[24] WEN G, RINGSEIS R, EDER K. Mouse OCTN2 is directly regulated by peroxisome proliferator-activated receptor α (PPARα) via a PPRE located in the first intron [J]. Biochemical pharmacology, 2010, 79 (5): 768-776.

[25] WRIGHT J A, MCHUGH P C, STOCKBRIDGE M, et al. Activation and repression of prion protein expression by key regions of intron 1 [J]. Cellular and molecular life sciences, 2009, 66 (23): 3809-3820.

[26] ZHANG G-R, LI X, CAO H, et al. The vesicular glutamate transporter-1 upstream promoter and first intron each support glutamatergic-specific expression in rat postrhinal cortex [J]. Brain research, 2011, 1377: 1-12.

[27] ZHAO Y, ZHOU Y, XIONG N, et al. Identification of an intronic cis-acting element in the human dopamine transporter gene [J]. Molecular biology reports, 2011, 39 (5): 5393-5399.

[28] WASHIETL S, PEDERSEN J S, KORBEL J O, et al. Structured RNAs in the EN-CODE selected regions of the human genome [J]. Genome research, 2007, 17 (6): 852-864.

[29] PETROV D A. DNA loss and evolution of genome size in drosophila [J]. Genetica, 2002, 115 (1): 81-91.

[30] BARTOLOMÉ C, MASIDE X, CHARLESWORTH B. On the abundance and distribution of transposable elements in the genome of *Drosophila melanogaster* [J]. Molecular biology and evolution, 2002, 19 (6): 926-937.

[31] BERGMAN C M. Analysis of conserved noncoding DNA in drosophila reveals similar constraints in intergenic and intronic sequences [J]. Genome research, 2001, 11 (8): 1335-1345.

[32] MAXWELL E, FOURNIER M. The small nucleolar RNAs [J]. Annual review of biochemistry, 1995, 64 (1): 897-934.

[33] MATTICK J S. Non-coding RNAs: the architects of eukaryotic complexity [J]. EMBO reports, 2001, 2 (11): 986-991.

[34] PETROV D A, SANGSTER T A, JOHNSTON J S, et al. Evidence for DNA loss as a determinant of genome size [J]. Science, 2000, 287 (5455): 1060-1062.

[35] PRACHUMWAT A, DE VINCENTIS L, PALOPOLI M F. Intron size correlates positively with recombination rate in *Caenorhabditis elegans* [J]. Genetics, 2004, 166: 1585-1590.

[36] YOSHIHAMA M, NGUYEN H D, KENMOCHI N. Intron dynamics in ribosomal protein genes [J]. PLoS one, 2007, 2 (1): e141.

[37] ODA T, OHNIWA R L, SUZUKI Y, et al. Evolutionary dynamics of spliceosomal intron revealed by in silico analyses of the P-Type ATPase superfamily genes [J]. Molecular biology reports, 2010, 38 (4): 2285-2293.

[38] PARRA G, BRADNAM K, ROSE A B, et al. Comparative and functional analysis of intron-mediated enhancement signals reveals conserved features among plants [J]. Nucleic acids research, 2011, 39 (13): 5328-5337.

[39] DURET L. Why do genes have introns recombination might add a new piece to the puzzle [J]. TRENDS in genetics, 2001, 17 (4): 172-175.

[40] BROCKMOLLER J, CASCORBI L, KERB R, et al. Polymorphisms in xenobiotic conjugation and disease predisposition [J]. Toxicology letters, 1998, 95 (1001): 9-10.

[41] NORDIN A, LARSSON E, HOLMBERG M. The defective splicing caused by the IS-CU intron mutation in patients with myopathy with lactic acidosis is repressed by PTBP1 but can be derepressed by IGF2BP1 [J]. Human mutation, 2012, 33 (3): 467-470.

[42] STOVER D A, VERRELLI B C. Comparative vertebrate evolutionary analyses of Type I collagen: potential of COL1a1 gene structure and intron variation for common bone-related diseases [J]. Molecular biology and evolution, 2010, 28 (1): 533-542.

[43] MANIATIS T, REED R. An extensive network of coupling among gene expression machines [J]. Nature, 2002, 416 (6880): 499-506.

[44] PROUDFOOT N J, FURGER A, DYE M J. Integrating mRNA processing with transcription [J]. Cell, 2002, 108 (4): 501-512.

[45] ORPHANIDES G, REINBERG D. A unified theory of gene expression [J]. Cell, 2002, 108 (4): 439-451.

[46] MAQUAT L E, CARMICHAEL G G. Quality control of mRNA function [J]. Cell, 2001, 104: 173-178.

[47] CALLIS J, FROMM M, WALBOT V. Introns increase gene expression in cultured maize cells [J]. Genes & development, 1987, 1 (10): 1183-1200.

[48] DUNCKER B, DAVIES P, WALKER V. Introns boost transgene expression in *Drosophila melanogaster* [J]. Molecular and general genetics MGG, 1997, 254 (3): 291-296.

[49] KO C H, BRENDEL V, TAYLOR R D, et al. U-richness is a defining feature of plant introns and may function as an intron recognition signal in maize [J]. Plant molecular biology, 1998, 36 (4): 573-583.

[50] BARTLETT J G, SNAPE J W, HARWOOD W A. Intron-mediated enhancement as a method for increasing transgene expression levels in barley [J]. Plant biotechnology journal, 2009, 7 (9): 856-866.

[51] BHADURY P, SONG B, WARD B B. Intron features of key functional genes mediating nitrogen metabolism in marine phytoplankton [J]. Marine genomics, 2011, 4 (3): 207-213.

[52] BLANCO F J, BERNABEU C. Alternative splicing factor or splicing factor-2 plays a key role in intron retention of the endoglin gene during endothelial senescence [J]. Cell, 2011, 10: 896-907.

[53] MATTICK J S, GAGEN M J. The evolution of controlled multitasked gene networks the role of introns and other noncoding RNAs in the development of complex organisms [J]. Molecular biology and evolution, 2001, 18 (9): 1611-1630.

[54] MORELLO L, GIANI S, TROINA F, et al. Testing the IMEter on rice introns and other aspects of intron-mediated enhancement of gene expression [J]. Journal of experimental botany, 2010, 62 (2): 533-544.

[55] MORENO J I, BUIE K S, PRICE R E, et al. Ccm1p/Ygr150cp, a pentatricopeptide repeat protein, is essential to remove the fourth intron of both COB and COX1 pre-mRNAs in *Saccharomyces cerevisiae* [J]. Current genetics, 2009, 55 (4): 475-484.

[56] YAMAMOTO N, TAKASE-YODEN S. Friend murine leukemia virus A8 regulates

Env protein expression through an intron sequence [J]. Virology, 2009, 385 (1): 115-125.

[57] LEVINE A, DURBIN R. A computational scan for U12-dependent introns in the human genome sequence [J]. Nucleic acids research, 2001, 29 (19): 4006-4013.

[58] PATEL A A, STEITZ J A. Splicing double: insights from the second spliceosome [J]. Nature reviews molecular cell biology, 2003, 4 (12): 960-970.

[59] HALL S L, PADGETT R A. Conserved sequences in a class of rare eukaryotic nuclear introns with non-consensus splice sites [J]. Journal of molecular biology, 1994, 239 (3): 357-365.

[60] ROY S W, GILBERT W. The evolution of spliceosomal introns: patterns, puzzles and progress [J]. Nature reviews genetics, 2006, 7 (3): 211-221.

[61] MITROVICH Q M, TUCH B B, DE LA VEGA F M, et al. Evolution of yeast non-coding RNAs reveals an alternative mechanism for widespread intron loss [J]. Science, 2010, 330 (6005): 838-841.

[62] PONTING C P, CSUROS M, ROGOZIN I B, et al. A detailed history of intron-rich eukaryotic ancestors inferred from a global survey of 100 complete genomes [J]. PLoS computational biology, 2011, 7 (9): e1002150.

[63] RAGG H. Intron creation and DNA repair [J]. Cellular and molecular life sciences, 2010, 68 (2): 235-242.

[64] NGUYEN H D, YOSHIHAMA M, KENMOCHI N. Phase distribution of spliceosomal introns: implications for intron origin [J]. BMC evolutionary biology, 2006, 6 (1): 69.

[65] JEFFARES D C, MOURIER T, PENNY D. The biology of intron gain and loss [J]. Trends in genetics, 2006, 22 (1): 16-22.

[66] ROY S W, HARTL D L. Very little intron loss/gain in plasmodium: intron loss/gain mutation rates and intron number [J]. Genome research, 2006, 16 (6): 750-756.

[67] FAWCETT J A, ROUZE P, VAN DE PEER Y. Higher intron loss rate in *Arabidopsis thaliana* than *A. lyrata* is consistent with stronger selection for a smaller genome [J]. Molecular biology and evolution, 2011, 29 (2): 849-859.

[68] DURET L. Why do genes have introns? Recombination might add a new piece to the puzzle [J]. Trends in genetics, 2001, 17 (4): 172-175.

[69] MAQUAT L E, CARMICHAEL G G. Quality control of mRNA function [J]. Cell, 2001, 104 (2): 173.

[70] BERGET S M, MOORE C, SHARP P A. Spliced segments at the 5' terminus of adenovirus 2 late mRNA [J]. Proceedings of the national academy of sciences of the USA, 1977, 74 (8): 3171-3175.

[71] CHOW L T, GELINAS R E, BROKER T R, et al. An amazing sequence arrangement at the 5' ends of adenovirus 2 messenger RNA [J]. Cell, 1977, 12 (1): 1-8.

[72] JEFFREYS A J, FLAVELL R A. The rabbit beta-globin gene contains a large large insert in the coding sequence [J]. Cell, 1977, 12 (4): 1097-1108.

[73] LIU J, MAXWELL E S. Mouse U14 snRNA is encoded in an intron of the mouse cognate hsc70 heat shock gene [J]. Nucleic acids research, 1990, 18 (22): 6565-6571.

[74] MAXWELL E S, FOURNIER M J. The small nucleolar RNAs [J]. Ann Rev Biochem, 1995, 35: 897-934.

[75] WEINSTEIN L B, STEITZ J A. Guided tours: from precursor snoRNA to functional snoRNP [J]. Curr Opin Cell Biol, 1999, 11 (3): 378-384.

[76] CAVAILLE J, BUITING K, KIEFMANN M, et al. Identification of brain-specific and imprinted small nucleolar RNA genes exhibiting an unusual genomic organization [J]. Proceedings of the national academy of sciences of the USA, 2000, 97 (26): 14311-14316.

[77] 张强. 成熟 mRNA 与其内含子序列的相互作用机制 [D]. 呼和浩特: 内蒙古大学, 2016.

[78] 张强. 外显子连接序列与连接处内含子序列的相互作用 [D]. 呼和浩特: 内蒙古大学, 2013.

[79] BROOKS A R, NAGY B P, TAYLOR S, et al. Sequences containing the second-intron enhancer are essential for transcription of the human apolipoprotein B gene in the livers of transgenic mice [J]. Mol Cell Biol, 1994, 14 (4): 2243-2256.

[80] LOTHIAN C, LENDAHL U. An evolutionarily conserved region in the second intron of the human nestin gene directs gene expression to CNS progenitor cells and to early neural crest cells [J]. European journal of neuroscience, 2010, 9 (3): 452-462.

[81] AKOPIAN A N, OKUSE K, SOUSLOVA V, et al. Trans-splicing of a voltage-gated sodium channel is regulated by nerve growth factor [J]. FEBS letters, 1999, 445 (1): 177-182.

[82] AOKI Y, HUANG Z, THOMAS S S, et al. Increased susceptibility to ischemia-induced brain damage in transgenic mice overexpressing a dominant negative form of SHP2 [J]. FASEB journal: official publication of the federation of American societies for experimental biology, 2000, 14 (13): 1965-1973.

[83] HURAL J A, KWAN M, HENKEL G, et al. An intron transcriptional enhancer element regulates IL-4 gene locus accessibility in mast cells [J]. Journal of immunology, 2000, 165 (6): 3239-3249.

[84] RHODES K, OSHIMA R G. A regulatory element of the human keratin 18 gene with AP-1-dependent promoter activity [J]. The journal of biological chemistry, 1998, 273 (41): 26534-26542.

[85] PANKOV R, UMEZAWA A, MAKI R, et al. Oncogene activation of human keratin 18 transcription via the Ras signal transduction pathway [J]. Proceedings of the national academy of sciences of the USA, 1994, 91 (3): 873-877.

[86] OSHIMA R G, ABRAMS L, KULESH D. Activation of an intron enhancer within the

keratin 18 gene by expression of c-fos and c-jun in undifferentiated F9 embryonal carcinoma cells [J]. Genes Dev, 1990, 4 (5): 835-848.

[87] PENG Y, GENIN A, SPINNER N B, et al. The gene encoding human nuclear protein tyrosine phosphatase, PRL-1. Cloning, chromosomal localization, and identification of an intron enhancer [J]. The journal of biological chemistry, 1998, 273 (27): 17286-17295.

[88] HOWELL M, HILL C S. XSmad2 directly activates the activin-inducible, dorsal mesoderm gene XFKH1 in xenopus embryos [J]. EMBO J, 1997, 16 (24): 7411-7421.

[89] SIVAK L E, PONT-KINGDON G, LE K, et al. A novel intron element operates post-transcriptionally to regulate human N-myc expression [J]. Mol Cell Biol, 1999, 19 (1): 155-163.

[90] LOPEZ A J. Alternative splicing of pre-mRNA: developmental consequences and mechanisms of regulation [J]. Annual review of genetics, 1998, 32: 279-305.

[91] CROFT L, SCHANDORFF S, CLARK F, et al. ISIS, the intron information system, reveals the high frequency of alternative splicing in the human genome [J]. Nat Genet, 2000, 24 (4): 340-341.

[92] BLACK D L. Protein diversity from alternative splicing: a challenge for bioinformatics and post-genome biology [J]. Cell, 2000, 103 (3): 367-370.

[93] SCHMUCKER D, CLEMENS J C, SHU H, et al. Drosophila Dscam is an axon guidance receptor exhibiting extraordinary molecular diversity [J]. Cell, 2000, 101 (6): 671-684.

[94] MISSLER M, SUDHOF T C. Neuroxins: three genes and 1001 products [J]. Trends Genet, 1998, 14: 20-26.

[95] NILSEN T W. Evolutionary origin of SL-addition trans-splicing: still an enigma [J]. Trends Genet, 2001, 17 (12): 678-680.

[96] CAUDEVILLA C, CODONY C, SERRA D, et al. Localization of an exonic splicing enhancer responsible for mammalian natural trans-splicing [J]. Nucleic acids research, 2001, 29 (14): 3108-3115.

[97] TAKAHARA T, KANAZU S I, YANAGISAWA S, et al. Heterogeneous Sp1 mRNAs in human HepG2 cells include a product of homotypic trans-splicing [J]. The journal of biological chemistry, 2000, 275 (48): 38067-38072.

[98] DORN R, REUTER G, LOEWENDORF A. Transgene analysis proves mRNA trans-splicing at the complex mod (mdg4) locus in drosophila [J]. Proceedings of the national academy of sciences of the USA, 2001, 98 (17): 9724-9729.

[99] KAWASAKI T, OKUMURA S, KISHIMOTO N, et al. RNA maturation of the rice SPK gene may involve trans-splicing [J]. The plant journal : for cell and molecular biology, 1999, 18 (6): 625-632.

[100] KRAUSE M, HIRSH D. A trans-spliced leader sequence on actin mRNA in C. *elegans*

[J]. Cell, 1987, 49 (6): 753-761.

[101] FERGUSON K C, ROTHMAN J H. Alterations in the conserved SL1 trans-spliced leader of *Caenorhabditis elegans* demonstrate flexibility in length and sequence requirements in vivo [J]. Mol Cell Biol, 1999, 19 (3): 1892-1900.

[102] EVANS D, BLUMENTHAL T. Trans splicing of polycistronic *Caenorhabditis elegans* pre-mRNAs: analysis of the SL2 RNA [J]. Mol Cell Biol, 2000, 20 (18): 6659-6667.

[103] GILBERT W. Why genes in pieces? [J]. Nature, 1978, 271 (5645): 501.

[104] CARVALHO A B, CLARK A G. Intron size and natural selection [J]. Nature, 1999, 401 (6751): 742-743.

[105] COMERON J M, KREITMAN M. The correlation between intron length and recombination in drosophila. Dynamic equilibrium between mutational and selective forces [J]. Genetics, 2000, 156 (3): 1175-1190.

[106] PATTHY L. Genome evolution and the evolution of exon-shuffling: a review [J]. Genetics, 1999, 238 (1): 103-114.

[107] FEDOROV A, FEDOROVA L, STARSHENKO V, et al. Influence of exon duplication on intron and exon phase distribution [J]. J Mol Evol, 1998, 46 (3): 263-271.

[108] BAKER K E, PARKER R. Nonsense-mediated mRNA decay: terminating erroneous gene expression [J]. Current opinion in cell biology, 2004, 16 (3): 293-299.

[109] LEJEUNE F, MAQUAT L E. Mechanistic links between nonsense-mediated mRNA decay and pre-mRNA splicing in mammalian cells [J]. Current opinion in cell biology, 2005, 17 (3): 309-315.

[110] ELMONIR W, INOSHIMA Y, ELBASSIOUNY A, et al. Intron 1 mediated regulation of bovine prion protein gene expression: role of donor splicing sites, sequences with potential enhancer and suppressor activities [J]. Biochemical and biophysical research communications, 2010, 397 (4): 706-710.

[111] HE Y, WU Y, LAN Z, et al. Molecular analysis of the first intron in the bovine myostatin gene [J]. Molecular biology reports, 2010, 38 (7): 4643-4649.

[112] LE HIR H, NOTT A, MOORE M J. How introns influence and enhance eukaryotic gene expression [J]. Trends in biochemical sciences, 2003, 28 (4): 215-220.

[113] MARIATI, HO S C L, YAP M G S, et al. Evaluating post-transcriptional regulatory elements for enhancing transient gene expression levels in CHO K1 and HEK293 cells [J]. Protein expression and purification, 2010, 69 (1): 9-15.

[114] GRUSS P, LAI C-J, DHAR R, et al. Splicing as a requirement for biogenesis of functional 16S mRNA of simian virus 40 [J]. Proceedings of the national academy of sciences, 1979, 76 (9): 4317-4321.

[115] PALMITER R D, SANDGREN E P, AVARBOCK M R, et al. Heterologous introns can enhance expression of transgenes in mice [J]. Proceedings of the national academy of sciences, 1991, 88 (2): 478-482.

[116] HAMER D H, SMITH K D, BOYER S H, et al. SV40 recombinants carrying rabbit beta-globin gene coding sequences [J]. Cell, 1979, 17 (3): 725.

[117] MANIATIS T, REED R. An extensive network of coupling among gene expression machines [J]. Nature, 2002, 416 (6880): 499-506.

[118] ORPHANIDES G, REINBERG D. A unified theory of gene expression [J]. Cell, 2002, 108 (4): 439-451.

[119] PROUDFOOT N J, FURGER A, DYE M J. Integrating mRNA processing with transcription [J]. Cell, 2002, 108: 501-512.

[120] BRINSTER R L, ALLEN J M, BEHRINGER R R, et al. Introns increase transcriptional efficiency in transgenic mice [J]. Proceedings of the national academy of sciences, 1988, 85 (3): 836-840.

[121] AKAIKE Y, KUROKAWA K, KAJITA K. Skipping of an alternative intron in thr srsf1 3 utrtrans-lated region increases transcript stability [J]. The journal of medical investigation, 2011, 58: 180-187.

[122] ALEXANDER M R, WHEATLEY A K, CENTER R J, et al. Efficient transcription through an intron requires the binding of an Sm-type U1 snRNP with intact stem loop II to the splice donor [J]. Nucleic acids research, 2010, 38 (9): 3041-3053.

[123] MCKENZIE R W, BRENNAN M D. The two small introns of the drosophila affinidisjuncta Adh gene are required for normal transcription [J]. Nucleic acids research, 1996, 24 (18): 3635-3642.

[124] SLECKMAN B P, GORMAN J R, ALT F W. Accessibility control of antigen-receptor variable-region gene assembly: role of cis-acting elements [J]. Annual review of immunology, 1996, 14 (1): 459-481.

[125] LIU K, SANDGREN E P, PALMITER R D, et al. Rat growth hormone gene introns stimulate nucleosome alignment in vitro and in transgenic mice [J]. Proceedings of the national academy of sciences, 1995, 92 (17): 7724-7728.

[126] KWEK K Y, MURPHY S, FURGER A, et al. U1 snRNA associates with TFIIH and regulates transcriptional initiation [J]. Nature structural biology, 2002, 9 (11): 800-805.

[127] FONG Y W, ZHOU Q. Stimulatory effect of splicing factors on transcriptional elongation [J]. Nature, 2001, 414 (6866): 929-933.

[128] FURGER A, BINNIE J M S, LEE B A, et al. Promoter proximal splice sites enhance transcription [J]. Genes & development, 2002, 16 (21): 2792-2799.

[129] MANLEY J L. Nuclear coupling: RNA processing reaches back to transcription [J]. Nature structural & molecular biology, 2002, 9 (11): 790-791.

[130] ASHTON-BEAUCAGE D, UDELL C M, LAVOIE H, et al. The exon junction complex controls the splicing of mapk and other long intron-containing transcripts in drosophila [J]. Cell, 2010, 143 (2): 251-262.

[131] NIU D-K, YANG Y-F. Why eukaryotic cells use introns to enhance gene expression: splicing reduces transcription-associated mutagenesis by inhibiting topoisomerase I cutting activity [J]. Biology direct, 2011, 6 (1): 24.

[132] WILLIS R E. Transthyretin gene (TTR) intron 1 elucidates crocodylian phylogenetic relationships [J]. Molecular phylogenetics and evolution, 2009, 53 (3): 1049-1054.

[133] ORPHANIDES G, REINBERG D. A unified theory of gene expression [J]. Cell, 2002, 108: 439-451.

[134] KOMARNITSKY P, CHO E-J, BURATOWSKI S. Different phosphorylated forms of RNA polymerase II and associated mRNA processing factors during transcription [J]. Genes & development, 2000, 14 (19): 2452-2460.

[135] LEWIS J D, IZAURFLDE E. The role of the cap structure in RNA processing and nuclear export [J]. European journal of biochemistry, 2004, 247 (2): 461-469.

[136] LUTZ C S, MURTHY K, SCHEK N, et al. Interaction between the U1 snRNP-A protein and the 160-kD subunit of cleavage-polyadenylation specificity factor increases polyadenylation efficiency in vitro [J]. Genes & development, 1996, 10 (3): 325-337.

[137] MCCRACKEN S, LAMBERMON M, BLENCOWE B J. SRm160 splicing coactivator promotes transcript 3'-end cleavage [J]. Molecular and cellular biology, 2002, 22 (1): 148-160.

[138] GUNDERSON S I, POLYCARPOU-SCHWARZ M, MATTAJ I W. U1 snRNP inhibits pre-mRNA polyadenylation through a direct interaction between U1 70K and poly (A) polymerase [J]. Molecular cell, 1998, 1 (2): 255-264.

[139] VAGNER S, VAGNER C, MATTAJ I W. The carboxyl terminus of vertebrate poly (A) polymerase interacts with U2AF 65 to couple 3'-end processing and splicing [J]. Genes & development, 2000, 14 (4): 403-413.

[140] REENAN R A. The RNA world meets behavior: A→ I pre-mRNA editing in animals [J]. Trends in genetics, 2001, 17 (2): 53-56.

[141] SOWDEN M P, SMITH H C. Commitment of apolipoprotein B RNA to the splicing pathway regulates cytidine-to-uridine editing-site utilization [J]. Biochemical journal, 2001, 359 (Pt 3): 697.

[142] LE HIR H, MOORE M J, MAQUAT L E. Pre-mRNA splicing alters mRNP composition: evidence for stable association of proteins at exon-exon junctions [J]. Genes & development, 2000, 14 (9): 1098-1108.

[143] GATFIELD D, LE HIR H, SCHMITT C, et al. The DExH/D box protein HEL/UAP56 is essential for mRNA nuclear export in drosophila [J]. Current biology, 2001, 11 (21): 1716-1721.

[144] LYKKE-ANDERSEN J, SHU M-D, STEITZ J A. Communication of the position of exon-exon junctions to the mRNA surveillance machinery by the protein RNPS1 [J]. Science sig-

nalling，2001，293（5536）：1836-1839.

[145] KIM V N，YONG J，KATAOKA N，et al. The Y14 protein communicates to the cytoplasm the position of exon-exon junctions [J]. The EMBO journal，2001，20（8）：2062-2068.

[146] CONTI E，IZAURRALDE E. Nucleocytoplasmic transport enters the atomic age [J]. Current opinion in cell biology，2001，13（3）：310-319.

[147] NAKIELNY S，DREYFUSS G. Transport of proteins and RNAs review in and out of the nucleus [J]. Cell，1999，99：677-690.

[148] LEGRAIN P，ROSBASH M. Some cis- and trans-acting mutants for splicing target pre-mRNA to the cytoplasm [J]. Cell，1989，57（4）：573.

[149] RAFIQ M，SUEN C K，CHOUDHURY N，et al. Expression of recombinant human ceruloplasmin: an absolute requirement for splicing signals in the expression cassette [J]. FEBS letters，1997，407（2）：132-136.

[150] RYU W-S，MERTZ J E. Simian virus 40 late transcripts lacking excisable intervening sequences are defective in both stability in the nucleus and transport to the cytoplasm [J]. Journal of virology，1989，63（10）：4386-4394.

[151] LUO M-J，REED R. Splicing is required for rapid and efficient mRNA export in metazoans [J]. Proceedings of the national academy of sciences，1999，96（26）：14937-14942.

[152] LI L，PINTEL D J. Splicing of goose parvovirus pre-mRNA influences cytoplasmic translation of the processed mRNA [J]. Virology，2012，426（1）：60-65.

[153] ROCCHI V，JANNI M，BELLINCAMPI D，et al. Intron retention regulates the expression of pectin methyl esterase inhibitor（Pmei）genes during wheat growth and development [J]. Plant biology，2012，14（2）：365-373.

[154] TORRADO M，IGLESIAS R，NESPEREIRA B，et al. Intron retention generates ANKRD1 splice variants that are co-regulated with the main transcript in normal and failing myocardium [J]. Gene，2009，440（1-2）：28-41.

[155] BRADDOCK M，MUCKENTHALER M，WHITE M R，et al. Intron-less RNA injected into the nucleus of xenopus oocytes accesses a regulated translation control pathway [J]. Nucleic acids research，1994，22（24）：5255-5264.

[156] MATSUMOTO K，WASSARMAN K M，WOLFFE A P. Nuclear history of a premRNA determines the translational activity of cytoplasmic mRNA [J]. The EMBO journal，1998，17（7）：2107-2121.

[157] BIANCHI M，CRINELLI R，GIACOMINI E，et al. A potent enhancer element in the 5'-UTR intron is crucial for transcriptional regulation of the human ubiquitin C gene [J]. Gene，2009，448（1）：88-101.

[158] HENRICSON A，FORSLUND K，SONNHAMMER E L L. Orthology confers intron position conservation [J]. BMC genomics，2010，11（1）：412.

[159] WILUSZ C J, WANG W, PELTZ S W. Curbing the nonsense: the activation and regulation of mRNA surveillance [J]. Genes & development, 2001, 15 (21): 2781-2785.

[160] KIM V N, KATAOKA N, DREYFUSS G. Role of the nonsense-mediated decay factor hUpf3 in the splicing-dependent exon-exon junction complex [J]. Science signalling, 2001, 293 (5536): 1832.

[161] PARENTEAU J, DURAND M, VERONNEAU S, et al. Deletion of many yeast introns reveals a minority of genes that require splicing for function [J]. Mol Biol Cell, 2008, 19 (5): 1932-1941.

[162] PARENTEAU J, MAIGNON L, BERTHOUMIEUX M, et al. Introns are mediators of cell response to starvation [J]. Nature, 2019, 565 (7741): 612-617.

[163] MORGAN J T, FINK G R, BARTEL D P. Excised linear introns regulate growth in yeast [J]. Nature, 2019, 565 (7741): 606-611.

[164] WANICHTHANARAK K, WONGTOSRAD N, PETRANOVIC D. Genome-wide expression analyses of the stationary phase model of ageing in yeast [J]. Mech Ageing Dev, 2015, 149: 65-74.

[165] WAN R, YAN C, BAI R, et al. Structure of an intron lariat spliceosome from saccharomyces cerevisiae [J]. Cell, 2017, 171 (1): 120-132.

[166] COMBS D J, NAGEL R J, ARES M, et al. Prp43p is a DEAH-box spliceosome disassembly factor essential for ribosome biogenesis [J]. Mol Cell Biol, 2006, 26 (2): 523-534.

[167] MUNDING E M, SHIUE L, KATZMAN S, et al. Competition between pre-mRNAs for the splicing machinery drives global regulation of splicing [J]. Molecular cell, 2013, 51 (3): 338-348.

[168] AWAD A M, VENKATARAMANAN S, NAG A, et al. Chromatin-remodeling SWI/SNF complex regulates coenzyme Q6 synthesis and a metabolic shift to respiration in yeast [J]. The journal of biological chemistry, 2017, 292 (36): 14851-14866.

[169] VENKATARAMANAN S, DOUGLASS S, GALIVANCHE A R, et al. The chromatin remodeling complex Swi/Snf regulates splicing of meiotic transcripts in *Saccharomyces cerevisiae* [J]. Nucleic acids research, 2017, 45 (13): 7708-7721.

[170] DONIGER T, KATZ R, WACHTEL C, et al. A comparative genome-wide study of ncRNAs in trypanosomatids [J]. BMC genomics, 2010, 11 (1): 615.

[171] HOLLEY C L, TOPKARA V K. An introduction to small non-coding RNAs: miRNA and snoRNA [J]. Cardiovascular drugs and therapy, 2011, 25 (2): 151-159.

[172] KISS T. Small nucleolar RNAs: an abundant group of noncoding RNAs with diverse cellular functions [J]. Cell, 2002, 109 (2): 145-148.

[173] EDDY S R. Non-coding RNA genes and the modern RNA world [J]. Nature reviews genetics, 2001, 2 (12): 919-929.

[174] MERCER T R, DINGER M E, MATTICK J S. Long non-coding RNAs: insights into

functions [J]. Nature reviews genetics, 2009, 10 (3): 155-159.

[175] MATTICK J S. The genetic signatures of noncoding RNAs [J]. PLoS genetics, 2009, 5 (4): e1000459.

[176] REARICK D, PRAKASH A, MCSWEENY A, et al. Critical association of ncRNA with introns [J]. Nucleic acids research, 2010, 39 (6): 2357-2366.

[177] SALTA E, DE STROOPER B. Non-coding RNAs with essential roles in neurodegenerative disorders [J]. The lancet neurology, 2012, 11 (2): 189-200.

[178] BARTEL D P. MicroRNAs: target recognition and regulatory functions [J]. Cell, 2009, 136 (2): 215-233.

[179] PILLAI R S. MicroRNA function: multiple mechanisms for a tiny RNA? [J]. RNA, 2005, 11 (12): 1753-1761.

[180] ZHAO Y, SRIVASTAVA D. A developmental view of microRNA function [J]. Trends in biochemical sciences, 2007, 32 (4): 189.

[181] AMBROS V. The functions of animal microRNAs [J]. Nature, 2004, 431 (7006): 350-355.

[182] ZENG Y, CULLEN B R. Sequence requirements for micro RNA processing and function in human cells [J]. RNA, 2003, 9 (1): 112-123.

[183] DOSTIE J, MOURELATOS Z, YANG M, et al. Numerous microRNPs in neuronal cells containing novel microRNAs [J]. RNA, 2003, 9 (2): 180-186.

[184] FIRE A, XU S, MONTGOMERY M K, et al. Potent and specific genetic interference by double-stranded RNA in *Caenorhabditis elegans* [J]. Nature, 1998, 391 (6669): 806-811.

[185] HAMILTON A J, BAULCOMBE D C. A species of small antisense RNA in posttranscriptional gene silencing in plants [J]. Science, 1999, 286 (5441): 950-952.

[186] KAWASAKI H, TAIRA K. Induction of DNA methylation and gene silencing by short interfering RNAs in human cells [J]. Nature, 2004, 431 (7005): 211-217.

[187] ZENG Y, WAGNER E J, CULLEN B R. Both natural and designed micro RNAs can inhibit the expression of cognate mRNAs when expressed in human cells [J]. Molecular cell, 2002, 9 (6): 1327-1333.

[188] MORRIS K V, CHAN S W-L, JACOBSEN S E, et al. Small interfering RNA-induced transcriptional gene silencing in human cells [J]. Science signalling, 2004, 305 (5688): 1289.

[189] LEE R C, AMBROS V. An extensive class of small RNAs in *Caenorhabditis elegans* [J]. Science signalling, 2001, 294 (5543): 862.

[190] BARTEL D P. MicroRNAs: genomics, biogenesis, mechanism, and function [J]. Cell, 2004, 116 (2): 281-297.

[191] HUTVÁGNER G, ZAMORE P D. A microRNA in a multiple-turnover RNAi enzyme complex [J]. Science, 2002, 297 (5589): 2056-2060.

[192] REINHART B J, BARTEL D P. Small RNAs correspond to centromere heterochromatic repeats [J]. Science, 2002, 297 (5588): 1831-1831.

[193] ARAVIN A, GAIDATZIS D, PFEFFER S, et al. A novel class of small RNAs bind to MILI proteinin mouse testes [J]. Nature, 2006, 442: 203-207.

[194] GIRARD A, SACHIDANANDAM R, HANNON G J, et al. Agermline specific class of small RNAs binds mammalian piwi proteins [J]. Nature, 2006, 442: 199-202.

[195] GRIVNA S T, BEYRET E, WANG Z, et al. Anovelclassofsmal RNAs inmouse spermatogenic cells [J]. Genes & development, 2006, 20: 1709-1714.

[196] WATANABE T, TAKEDA A, TSUKIYAMA T, et al. Identification and characterization of two novel classes of small RNAs in the mousegermline: retrotransposon derived siRNAs in oocytesand germline small RNAs intestes [J]. Genes, 2006, 20 (13): 1732-1743.

[197] LAU N C, SETO A G, KIM J, et al. Characterization of the piRNA complex from rattestes [J]. Science, 2006, 313 (5785): 363-367.

[198] BRENNECKE J, ARAVIN A A, STARK A, et al. Discrete small RNA generating locias master regulators of transposon activity in drosophila [J]. Cell, 2007, 128 (6): 1089-1093.

[199] HOUWING S, KAMMINGA L M, BEREZIKOV E, et al. Arolefor piwi and piRNAs in germ cell maintenance and transposon silencing in zebrafish [J]. Cell, 2007, 129 (1): 69-82.

[200] ZHAO S, GOU L-T, ZHANG M, et al. piRNA-triggered MIWI ubiquitination and removal by APC/C in late spermatogenesis [J]. Cell, 2013, 24 (1): 13-25.

[201] MITCH L. The immune system's compact genomic counterpart [J]. Science, 2013, 339: 27-34.

[202] MA L, BAJIC V B, ZHANG Z. On the classification of long non-coding RNAs [J]. RNA biology, 2013, 10 (6): 924-933.

[203] RAMOS A D, DIAZ A, NELLORE A, et al. Integration of genome-wide approaches identifies lncRNAs of adult neural stem cells and their progeny in vivo [J]. Cell, 2013, 12 (5): 616-628.

[204] CLOUTIER S C, WANG S, MA W K, et al. Long noncoding RNAs promote transcriptional poising of inducible genes [J]. PLoS biology, 2013, 11 (11): e1001715.

[205] YIN Q F, YANG L, ZHANG Y, et al. Long noncoding RNAs with snoRNA ends [J]. Molecular cell, 2016, 61 (6): 791-926.

[206] JECK W R, SORRENTINO J A, et al. Circular RNAs are abundant, conserved, and associated with ALU repeats [J]. RNA, 2013, 19 (2): 141-157.

[207] LEDFORD H. Circular RNAs throw genetics for a loop [J]. Nature, 2013, 494 (7438): 415-416.

[208] PERKEL J M. Assume nothing: the tale of circular RNA [J]. Biotechniques, 2013,

55（2）：55-57.

[209] SALMENA L，POLISENO L，et al. A ceRNA hypothesis：the Rosetta Stone of a hidden RNA language? [J]. Cell，2011，146（3）：353-358.

[210] WILUSZ J E，SHARP P A. A circuitous route to noncoding RNA [J]. Science，2013，340（6131）：440-441.

[211] HANSEN T B，JENSEN T I，CLAUSEN B H，et al. Natural RNA circles function as efficient microRNA sponges [J]. Nature，2013，495（7441）：384-392.

[212] MEMCZAK S，JENS M，ELEFSINIOTI A，et al. Circular RNAs are a larger class of animal RNAs with regulatory potency [J]. Nature，2013，495（7441）：333-341.

[213] LI Z，HUANG C，BAO C，et al. Exon-intron circular RNA regulate transcription in the nucleus [J]. Nature structural & molecular biology，2015，22（3）：256-264.

[214] HALLIGAN D L. Ubiquitous selective constraints in the drosophila genome revealed by a genome-wide interspecies comparison [J]. Genome research，2006，16（7）：875-884.

[215] SHPAER E G，ROBINSON M，YEE D，et al. Sensitivity and selectivity in protein similarity searches：a comparison of Smith-Waterman in hardware to BLAST and FASTA [J]. Genomics，1996，38（2）：179-191.

[216] LUO L，LI H. The statistical correlation of nucleotides in protein-coding DNA sequences [J]. Bulletin of mathematical biology，1991，53（3）：345-353.

[217] 杨烨，刘娟. 第二代测序序列比对方法综述 [J]. 武汉大学学报（理学版），2012，58（5）：463-470.

[218] 郝伶童. 基因组结构变异探测软件 CASbreak 算法开发与应用研究 [D]. 北京：中国科学院大学，2016.

[219] HILL C，MILLER L A，KLAENHAMMER T R. Cloning，expression，and sequence determination of a bacteriophage fragment encoding bacteriophage resistance in *Lactococcus lactis* [J]. Journal of bacteriology，1990，172（11）：6419-6426.

[220] PEARLSTONE J R，JOHNSON P，CARPENTER M R，et al. Primary structure of rabbit skeletal muscle troponin-T. Sequence determination of the NH2-terminal fragment CB3 and the complete sequence of troponin-T [J]. Journal of biological chemistry，1977，252（3）：983-989.

[221] 高峰，高敬阳，叶露. 基于序列拼接的基因组长插入变异集成检测方法研究 [J]. 北京化工大学学报（自然科学版），2018，45（6）：89-94.

[222] ZIFF E B，SEDAT J W，GALIBERT F. Determination of the nucleotide sequence of a fragment of bacteriophage φX 174 DNA [J]. Nature new biology，1973，241（106）：34-37.

[223] KIEFFER B，GOELDNER M，HIRTH C，et al. Sequence determination of a peptide fragment from electric eel acetylcholinesterase，involved in the binding of quaternary ammonium [J]. FEBS letters，1986，202（1）：91-96.

[224] 张柏毅. 以短基因片段重组基因组之演算法设计与硬体实作 [D]. 台北：台湾大学

电子工程学研究所，2012.

[225] JISHNU D, JAAVED M, HAIYUAN Y. Genome-scale analysis of interaction dynamics reveals organization of biological networks [J]. Bioinformatics, 2012, 28 (14): 1873-1878.

[226] ZHONG D, ZHANG Z S, LIU Y H, et al. Establishment of the methods for searching eukaryotic gene cis-regulatory modules [J]. Di yi jun yi da xue xue bao, 2004, 24 (2): 172-176.

[227] CHABELSKAYA S, BORDEAU V, FELDEN B. Dual RNA regulatory control of a *Staphylococcus aureus* virulence factor [J]. Nucleic acids research, 2014, 42 (8): 4847-4858.

[228] LI Q, CHEN H. Transcriptional silencing of N-Myc downstream-regulated gene 1 (NDRG 1) in metastatic colon cancer cell line SW620 [J]. Clinical & experimental metastasis, 2012, 28 (2): 127-135.

[229] TOPHAM, CHRISTOPHER M, MICKA L, et al. Adaptive Smith-Waterman residue match seeding for protein structural alignment [J]. Proteins-structure function & bioinformatics, 2014, 81 (10): 1823-1839.

[230] KOREN S, SCHATZ M C, WALENZ B P, et al. Hybrid error correction and de novo assembly of single-molecule sequencing reads [J]. Nature biotechnology, 2012, 30 (7): 693-700.

[231] 赵小庆. 剪切后内含子与相应 mRNA 的相互作用分析 [D]. 呼和浩特：内蒙古大学，2013.

[232] 张浩文，杨禹丞，鲁志. 非编码 RNA 的生物信息学研究方法：RNA 结构预测及其应用 [J]. 生命科学，2014 (3): 219-227.

[233] DEIGAN, KATHERINE E, TIAN W, et al. Accurate SHAPE-directed RNA structure determination [J]. Proceedings of the national academy of sciences of the USA, 2009, 106 (1): 97-102.

[234] SELKOE D J. Folding proteins in fatal ways [J]. Nature, 2003, 426 (6968): 900-904.

[235] SCHAEFER M, BARTELS C, KARPLUS M. Solution conformations and thermodynamics of structured peptides: molecular dynamics simulation with an implicit solvation model [J]. Journal of molecular biology, 1998, 284 (3): 835-848.

[236] JACKSON S E. How do small single-domain proteins fold? [J]. Folding & design, 1998, 3 (4): 81-91.

[237] FARAGGI E, YANG Y, ZHANG S, et al. Predicting continuous local structure and the effect of its substitution for secondary structure in fragment-free protein structure prediction [J]. Structure, 2009, 17 (11): 1515-1527.

[238] BOWER M J, COHEN F E, DUNBRACK R L, et al. Prediction of protein side-chain rotamers from a backbone-dependent rotamer library: a new homology modeling tool

[J]. Journal of molecular biology, 1997, 267 (5): 1268-1282.

[239] ZHANG Y, SKOLNICK J. The protein structure prediction problem could be solved using the current PDB library [J]. Proceedings of the national academy of sciences of the USA, 2005, 102 (4): 1029-1034.

[240] HAY S, SCRUTTON N S. Good vibrations in enzyme-catalysed reactions [J]. Nature chemistry, 2012, 4 (3): 161-168.

[241] MITOMO D, FUKUNISHI Y, HIGO J, et al. Calculation of protein-ligand binding free energy using smooth reaction path generation (SRPG) method: a comparison of the explicit water model, gb/sa model and docking score function [J]. Genome informatics international conference on genome informatics, 2009, 23 (1): 85-97.

[242] WOO H J, ROUX B. Calculation of absolute protein-ligand binding free energy from computer simulations [J]. Proceedings of the national academy of sciences of the USA, 2005, 102 (19): 6825-6830.

[243] WOO H J. Calculation of absolute protein-ligand binding constants with the molecular dynamics free energy perturbation method [J]. Methods in molecular biology, 2008, 443: 109-120.

[244] PRATHIPATI P, DIXIT A, SAXENA A K. Computer-aided drug design: integration of structure-based and ligand-based approaches in drug design [J]. Current computer-aided drug design, 2007, 3 (2): 133-148.

[245] TOLLENAERE J P. The role of structure-based ligand design and molecular modelling in drug discovery [J]. Pharmacy world & science, 1996, 18 (2): 56-62.

[246] ANDERSON A C. The process of structure-based drug design [J]. Chemistry & biology, 2003, 10 (9): 787-797.

[247] GAO G, WILLIAMS J G, CAMPBELL S L. Protein-protein interaction analysis by nuclear magnetic resonance spectroscopy [J]. Methods in molecular biology, 2004, 261: 79-91.

[248] MANKE T, BRINGAS R, VINGRON M. Correlating protein-DNA and protein-protein interaction networks [J]. Journal of molecular biology, 2003, 333 (1): 75-85.

[249] MARTIN I V, MACNEILL S A. Functional analysis of subcellular localization and protein-protein interaction sequences in the essential DNA ligase I protein of fission yeast [J]. Nucleic acids research, 2004, 32 (2): 632-642.

[250] THOMAS A, CANNINGS R, MONK N A M, et al. On the structure of protein-protein interaction networks [J]. Biochemical society transactions, 2003, 31 (6): 1491-1496.

[251] NOSKOV S Y, LIM C. Free energy decomposition of protein-protein interactions [J]. Biophysical journal, 2001, 81 (2): 737-750.

[252] GUEROIS R, NIELSEN J E, SERRANO L. Predicting changes in the stability of proteins and protein complexes: a study of more than 1000 mutations [J]. Journal of

molecular biology, 2002，320（2）：369-387.

[253] 谢志群. 基于去折叠自由能的蛋白质结构与划分系统 [D]. 上海：中国科学院上海生命科学研究院生物化学与细胞生物学研究所，2003.

[254] ZUKER M，SANKOFF D. RNA secondary structures and their prediction [J]. Bulletin of mathematical biology，1984，46（4）：591-621.

[255] 赵小庆，李宏，包通拉嘎. 线虫核糖核蛋白基因内含子与相应编码序列的相互作用 [J]. 生物化学与生物物理进展，2010（9）：1006-1015.

[256] CHUN L，NADIA H，JUN W. Recognition of protein coding genes in the yeast genome based on the relative-entropy of DNA [J]. Combinatorial chemistry & high throughput screening，2006，9（1）：49-54.

[257] HARLAN R，MICHAEL K，HAGAR B，et al. A relative-entropy algorithm for genomic fingerprinting captures host-phage similarities [J]. Journal of bacteriology，2005，187（24）：8370.

[258] YUAN Y T，SUN Y F. Mutation information and relative entropy about RNA secondary structure [C]. International conference on bioinformatics & biomedical engineering，2011.

[259] QIANG F U，QIAN M P，CHEN L B，et al. Features of coding and noncoding sequences based on 3-tuple distributions [J]. Journal of genetics & genomics，2005，32（10）：1018-1026.

[260] 李蒨. 蛋白质序列复杂性简化与非比对序列分析 [J]. 生物化学与生物物理进展，2006，33（12）：1215-1222.

[261] 沈娟. 新对称相对熵与 DNA 序列相似性分析 [D]. 咸阳：西北农林科技大学，2010.

[262] MENG H，LI H，ZHENG Y，et al. Evolutionary analysis of nucleosome positioning sequences based on new symmetric relative entropy [J]. Genomics，2018，110（3）：154-161.

[263] 刘国君. 酵母基因组 8-mer 模体使用的进化分离与功能分析 [D]. 呼和浩特：内蒙古大学，2015.

[264] 李玲. 基于线粒体基因组构建生物系统进化树 [D]. 呼和浩特：内蒙古工业大学，2014.

[265] LI W. Mutual information functions versus correlation functions [J]. Journal of statistical physics，1990，60（5）：823-837.

[266] BRENNER S. The genetics of *Caenorhabditis elegans* [J]. Genetics，1974，77（1）：71-94.

[267] WHITE J G，SOUTHGATE E，THOMSON J，et al. The structure of the nervous system of the nematode *Caenorhabditis elegans* [J]. Philosophical transactions of the royal society of London series B-bilogical sciences，1986，314（1165）：1-340.

[268] LEJEUNE F，MAQUAT L E. Mechanistic links between nonsense-mediated mRNA

decay and pre-mRNA splicing in mammalian cells [J]. Current opinion in cell biology, 2005, 17 (3): 309-315.

[269] RUSSELL A G, SHUTT T E, WATKINS R F, et al. An ancient spliceosomal intron in the ribosomal protein L7a gene (Rpl7a) of *Giardia lamblia* [J]. BMC evolutionary biology, 2005, 5 (1): 45.

[270] WOOL I G. The structure and function of eukaryotic ribosomes [J]. Annual review of biochemistry, 1979, 48 (1): 719-754.

[271] YOSHIHAMA M, UECHI T, ASAKAWA S, et al. The human ribosomal protein genes: sequencing and comparative analysis of 73 genes [J]. Genome research, 2002, 12 (3): 379-390.

[272] YOSHIHAMA M, NAKAO A, NGUYEN H D, et al. Analysis of ribosomal protein gene structures: implications for intron evolution [J]. PLoS genetics, 2006, 2 (3): e25.

[273] NIXON J E, WANG A, MORRISON H G, et al. A spliceosomal intron in *Giardia lamblia* [J]. Proceedings of the national academy of sciences, 2002, 99 (6): 3701-3705.

[274] CHENG H, DUFU K, LEE C-S, et al. Human mRNA export machinery recruited to the 5' end of mRNA [J]. Cell, 2006, 127 (7): 1389-1400.

[275] CHENG H, DUFU K, VALENCIA P, et al. mRNA export [J]. Encyclopedia of life sciences, 2007.

[276] HOOD J. Exon-exon junction: what's your function [J]. TRENDS in cell biology, 2001, 11: 463.

[277] MASUDA S. Recruitment of the human TREX complex to mRNA during splicing [J]. Genes & development, 2005, 19 (13): 1512-1517.

[278] REED R, CHENG H. TREX, SR proteins and export of mRNA [J]. Current opinion in cell biology, 2005, 17 (3): 269-273.

[279] AKUA T, BEREZIN I, SHAUL O. The leader intron of AtMHX can elicit, in the absence of splicing, low-level intron-mediated enhancement that depends on the internal intron sequence [J]. BMC plant biology, 2010, 10 (1): 93.

[280] BUCKLEY-PETER T, LEE-MILER T, SUL J-Y, et al. Cytoplasmic intron sequence-retaining transcripts can be dendritically targeted via ID element retrotransposons [J]. Neuron, 2011, 69 (5): 877-884.

[281] OGINO K, TSUNEKI K, FURUYA H. Unique genome of dicyemid mesozoan: highly shortened spliceosomal introns in conservative exon/intron structure [J]. Gene, 2010, 449 (1-2): 70-76.

[282] CASTILLO-DAVIS C I, MEKHEDOV S L, HARTL D L, et al. Selection for short introns in highly expressed genes [J]. Nature genetics, 2002.

[283] ZHAO X, LI H, BAO T, et al. Influence of intron length on interaction characters between post-spliced intron and its CDS in ribosomal protein genes [J]. AIP conference

proceedings，2012，1479（1）：1564-1567.

[284] ZHAO X，LI H，BAO T. Analysis on the interaction between post-spliced introns and corresponding protein coding sequences in ribosomal protein genes [J]. Journal of theoretical biology，2013，328：33-42.

[285] ZHANG Q，LI H，ZHAO X，et al. Distribution bias of the sequence matching between exons and introns in exon joint and EJC binding region in *C. elegans* [J]. J Theor Biol，2015，364：295-304.

[286] THOMAS A V，CATHERINER K，IRA M H，et al. Regulation of heterochromatic silencing and histone H3 lysine-9 methylation by RNAi [J]. Science，2002，297（5588）：1833-1837.

[287] CUI J G，ZHAO Y，SETHI P K，et al. Micro-RNA-128（miRNA-128）down-regulation in glioblastoma targets ARP5（ANGPTL6），Bmi-1 and E2F-3a，key regulators of brain cell proliferation [J]. Journal of neurooncology，2010，98（3）：279-304.

[288] LEE P L，NELSON C L，PHILIP G-E，et al. Microarray analysis shows that some microRNAs downregulate large numbers of target mRNAs [J]. Nature，2005，433（7027）：769-773.

[289] BAO T L G，LI H，ZHAO X Q，et al. Predicting nucleosome binding motif set and analyzing their distributions around functional sites of human genes [J]. Chromosome research，2012，20（6）：685-698.

[290] BO S L，LI H，ZHANG Q，et al. Potential relations between post-spliced introns and mature mRNAs in the *Caenorhabditis elegans* genome [J]. Journal of theoretical biology，2019，467：7-14.

[291] GILBERT W，DE SOUZA S J，LONG M. Origin of genes [J]. Proceedings of the national academy of sciences of the USA，1997，94：7698-7703.

[292] KOONIN E. The origin of introns and their role in eukaryogenesis：a compromise solution to the introns-early versus introns-late debate? [J]. Biology direct，2006，10：1-22.

[293] ZHANG Q，LI H，ZHAO X Q，et al. The evolution mechanism of intron length [J]. Genomics，2016，108（2）：47-55.

[294] PARSCH J，NOVOZHILOV S，SAMINADIN-PETER S S，et al. On the utility of short intron sequences as a reference for the detection of positive and negative selection in drosophila [J]. Molecular biology and evolution，2010，27：1226-1234.

[295] ZHANG Q，LI H，ZHAO X，et al. Analysis on the preference for sequence matching between mRNA sequences and the corresponding introns in ribosomal protein genes [J]. Journal of theoretical biology，2016，392：113-121.

附　　录

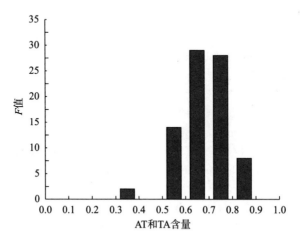

附图 A　线虫核糖核蛋白基因第一内含子匹配片段的 AT 和 TA 含量分布

注：纵坐标为第一内含子频数，横坐标为 AT 和 TA 含量。

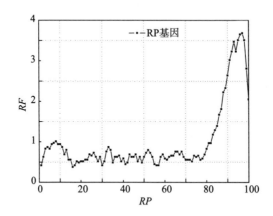

附图 B　线虫和果蝇长、短内含子与 mRNA 的相对匹配频率分布

注：横坐标为内含子的相对位置，纵坐标为内含子 RF 值。

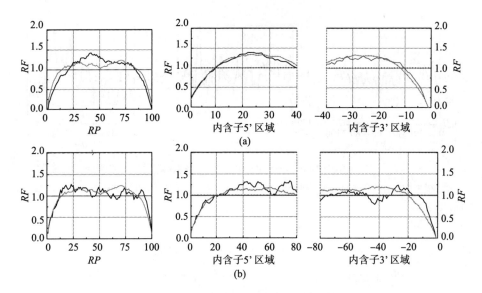

附图 C　线虫和果蝇长、短内含子与外显子的相对匹配频率分布

注：横坐标为内含子的位置，纵坐标为内含子 RF 值。(a) 短内含子 RF 分布。(b) 长内含子 RF 分布。左边的一列图是 RF 随内含子相对位置的分布，中间的一列图是 RF 随内含子 5' 区域位置的分布，右边的一列图是 RF 随内含子 3' 区域位置的分布。$RF=1$ 代表理论相对匹配频率的平均值。

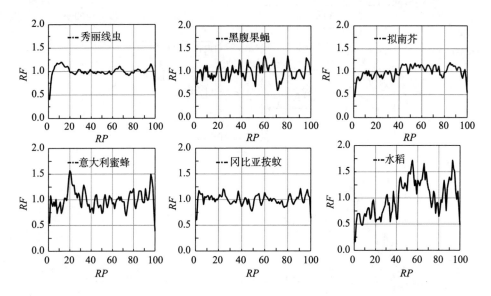

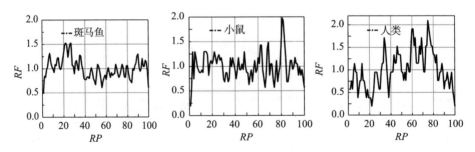

附图 D　mRNA 的相对匹配频率分布

注：横坐标为编码序列的位置，纵坐标为编码序列 RF 值。$RF = 1$ 代表理论相对匹配频率的平均值。

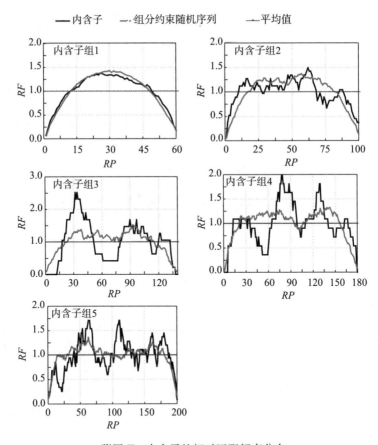

附图 E　内含子的相对匹配频率分布

注：横坐标为编码序列的位置，纵坐标为编码序列 RF 值。$RF = 1$ 代表理论相对匹配频率的平均值。

附表 A　第一内含子 GC 含量

GC 含量 k（%）	$0 \leqslant k < 10$	$10 \leqslant k < 20$	$20 \leqslant k < 30$	$30 \leqslant k < 40$	$40 \leqslant k < 50$	$50 \leqslant k < 100$
区间频率	0.000	0.146	0.549	0.220	0.073	0.012

附表 B　线虫和果蝇核糖核蛋白基因

指标	第一内含子组 40~80bp	第二内含子组 80~120bp	第三内含子组 120~160bp	第四内含子组 160~200bp	第五内含子组 大于 200bp
内含子数量	381	63	28	36	168
N_0	60	100	140	180	200

注：N_0 指内含子标准化的长度。

图书在版编目（CIP）数据

非编码 RNA 的功能与预测：剪切后内含子潜在的生物学功能 / 赵小庆，李宏，路战远主编 . —北京：中国农业出版社，2023.7

ISBN 978-7-109-30936-4

Ⅰ . ①非… Ⅱ . ①赵… ②李… ③路… Ⅲ . ①核糖核酸－生物学 Ⅳ . ①Q522

中国国家版本馆 CIP 数据核字（2023）第 137053 号

非编码 RNA 的功能与预测：剪切后内含子潜在的生物学功能
FEIBIANMA RNA DE GONGNENG YU YUCE：JIANQIE HOU NEIHANZI QIANZAI DE SHENGWUXUE GONGNENG

中国农业出版社出版

地址：北京市朝阳区麦子店街 18 号楼

邮编：100125

责任编辑：肖　杨

版式设计：杨　婧　责任校对：吴丽婷

印刷：北京中兴印刷有限公司

版次：2023 年 7 月第 1 版

印次：2023 年 7 月北京第 1 次印刷

发行：新华书店北京发行所

开本：700mm×1000mm　1/16

印张：9.75

字数：185 千字

定价：65.00 元